KB102614

빛이 매혹이 될 때

빛이 매혹이 될 때

빛의 물리학은
어떻게 예술과 우리의 세계를 확장시켰나

서민아 지음

INFLUENTIAL
인 플 루 엔 셜

추천의 글

현재 과학이 아는 한도 내에서, 빛은 우주에서 가장 흔한 물질이다. 창조 초기에 탄생한 빛은 온 우주에 고르게 퍼져 있으며, 우리 같은 생명체가 세상을 경험하는 가장 기초적인 매개체이기도 하다. 이 빛을 연구하는 학문이 바로 광학光學이고, 이 책의 저자 서민아 교수의 전문 연구 분야이다. 광학 전문가는 마치 화가처럼 빛의 분류에 큰 관심을 둔다. 다만 화가는 가시광선이 주된 관심사인 반면 광학자는 훨씬 넓은 '시야'를 활용한다는 점이 다를 뿐이다. 일반인의 눈에는 다 비슷비슷해 보이는 빛들의 다양한 특성들을 음미하고, 마치 생명과학자가 동식물이나 세포를 들여다보듯 전파에서 감마선까지 하나하나 애지중지 다루며 세밀히 관찰한다. 그런데 뛰어난 화가이기도 한 저자는 우리의 지적인 이해 과정에는 예리하고 통찰력 있는 그림과의 상호작용이 중요하다는 점도 잘 알고 있다. 이 책에는 저자만의 독창적인 시각으로 선택한 세계적인 명화뿐 아니라 과학적 아이디어를 표현한 독특한 그림들이 실려 있어, 읽는 이의 사고력과 상상력을 동시에 자극한다.

　과학 철학자 토마스 쿤에 의하면 고대 자연과학의 주류는 천문학, 역학, 광학이었다. 광학은 그 이후에도 중심적 역할을 지속했다. 이븐 알하이삼을 비롯한 중세 최고의 이슬람 과학자들은 모두 광학을 집중 연구했고, 근대로 넘어와 레오나르도 다 빈치의 걸작들, 그리고 과학 혁명을 일으킨 갈릴레오 갈릴레이의 관측 또한 광학의 발전에 힘입은 업적들이었다. 뉴턴의 가장 유명한 저서 중 하나가 《광학》이었으며, 데카르트도 현대 철학의 시작점이 된 중요한 저서 《방법서설》에서 광학을 부록으로 다루고 있다. 19세기에 맥스웰이 전자기파로서의 빛의 정체를 밝혀낸 후 20세기의 양자역학이 합쳐져 탄생한 양자 전자기장론은 인간이 만들어낸 가장 정밀한 과학 이론이다. 현대 최고의 발명품 중 하나로 꼽히는 레이저를 만들어낸 것 역시 광학이다. 한마디로 요약하면 인류 역사의 관점에서 광학이 과학 분야의 핵심이었다고 할 만하다. 그럼에도 불구하고 비전문가를 위한 친절한 설명은 의외로 찾기 쉽지 않아, 이 특별한 책의 출간은 참으로 반가운 일이다.

　'화가 서민아'는 실험실 안에서는 약 1밀리미터 길이의 파장을 가진 테라헤르츠파를 특히 주의 깊게 연구한다. 테라헤르츠파는 종이나 유성 페인트 속을 들여다볼 수 있으면서도 엑스선 같은 파괴력이 아닌 부드러운 투과력을 지니고 있다. 그래서인지 서민아 교수의 글

역시 사물의 본질을 부드럽게 꿰뚫어보는 섬세한 통찰력으로 가득하다. 이 책의 독자는 과학적, 미학적, 시적 영감을 동시에 경험하며 세상을 살펴보는 무의식적 사고와 행동이 깊고 넓어지는 기회를 맞이할 것이다.

김민형

에든버러 국제수리과학연구소장, 《수학이 필요한 순간》 저자

빛은 언제나 같은 속도로 달리며, 상대성이론을 타고 세상을 지배하는 시간과 공간마저 결정짓는다. 태초의 빛은 빅뱅으로 탄생한 뒤 물질로 바뀌어 숨어 있다가 이따금 양자역학적 진동을 통해 모습을 드러낸다. 바로 지금 우리가 보는 빛이다.

이 빛은 과학자의 눈으로 보고 화가의 마음으로 그려내는 서민아 교수를 통해 우리에게 또 다른 모습으로 다가온다. 지은이는 현대물리학과 미술을 넘나드는 탁월한 통찰력으로 단지 사물을 비추던 빛을 자연과 우리 삶의 마당으로 이끌어낸다. 빛을 따라가는 여정에 길잡이가 되어준 서민아 교수에게 존경과 찬사를 보낸다.

박규환

고려대학교 물리학과 교수

"태초에 빛이 있었다"라는 말을 이 책을 읽고 비로소 이해하게 되었다. 최초의 미술가인 조물주가 인간을 비롯한 세상 만물의 형상을 빚어 그것이 '보이게' 하려면 먼저 빛이 있어야만 했다는 사실을. 물리학자가 쓴 책이라 문과 출신이 읽기엔 버겁지 않을까 겁먹었지만 기우였다. "8분 전에 태양을 출발해 우주여행을 마치고 지구에 도착한 빛 알갱이 하나가 지금 당신의 눈에 닿아 이 글귀를 읽게 해주고 있다"라는 서문의 문장은 차라리 시詩에 가깝다.

책은 과학과 예술의 영역을 자유롭게 넘나들며 '본다는 것은 무엇인가'를 탐구하고, 뉴턴과 괴테, 르누아르와 마네 등을 오가며 색채에서 과학과 인문학, 미술을 함께 읽어낸다. 우리 눈에 흰색으로 보이는 르누아르 그림 속 여인의 드레스가 사실은 푸른색과 황동색으로 이루어졌다는 사실 등을 알려주면서 색채란 빛에서 시작되지만 결국 그 완성은 빛이 닿지 못하는 인간의 마음 깊은 곳에서 이루어진다는 것을 깨닫게 한다.

해외의 미술관에 가본 지도 어느덧 2년이 다 되어간다. 코로나가 종식되면 이국異國의 어느 전시장에서 (이 책에서 배운 원리에 따라) '망막의 빛 수용체 세포'를 한껏 가동시켜 페르메이르의 노랑과 파랑을 만끽하고 싶다.

곽아람
《조선일보》 기자, 《미술 출장》 저자

프롤로그
빛을 탐구하는 두 시선이 맞닿는 곳에서

십여 년 전 네덜란드 델프트라는 작은 도시의 대학교에 여러 차례 방문해 몇 달씩 머문 적이 있습니다. 빛에 관한 연구를 하던 중에 어떤 실험 기술을 배우기 위해서였지요. 그때 가장 인상적이었던 것은 빛을 귀하게 여기는 네덜란드 사람들의 풍습이었습니다. 네덜란드는 지리적으로 위도가 높은 곳에 있어서 겨울에는 오후 두세 시에 이미 해가 지고 흐린 날이 많습니다. 햇빛이 무척 소중할 수밖에 없지요. 대부분의 집이 창에 커튼을 치지 않아 집 안에서 생활하는 모습이 훤히 들여다보였던 것이 독특한 기억으로 남아 있습니다.

델프트는 〈진주 귀고리를 한 소녀〉로 유명한 요하네스 페르메이르Johannes Vermeer가 평생 살았던 도시이기도 합니다. 저는 델프트에 머무는 동안 빛이 귀한 네덜란드에서 필연적으로 탄생할 수밖에 없었던 '빛의 화가들'인 페르메이르와 렘브란트 판 레인Rembrandt H. van Rijn, 빈센트 반 고흐Vincent van Gogh의 작품들에 좀 더 심취하게 되었습니다. 그러면서 빛을 연구하는 과학자들과 빛을 오롯이 캔버스에 담고자 했던 미술가들 사이에 많은 공통점이 있다는 것도 알게 되었습니다. 그들은 모두 자연에 대한 경외심과 호기심에서 출발해 계속되는 관찰과 반복된 실험 그리고 직관을 동원해 자연을 이해하고 표현하고자 했던 사람들이었습니다.

아이작 뉴턴Issac Newton이 프리즘을 이용해 햇빛이 일곱 개의 무지개색으로 나뉜다는 것을 보여주었을 때까지만 해도 사람들은 프리즘이 빛의 성질 자체를 바꾼 것이라고 생각했습니다. 뉴턴은 햇빛이 프리즘에 의해 일곱 개의 색으로 나뉠 수 있을 뿐만 아니라 다시 흰색의 빛으로 합쳐질 수도 있다는 것도 증명해 보였습니다.

영국의 낭만주의 시인 존 키츠John Keats는 그의 시 〈라미아Lamia〉에서 뉴턴이 분광학을 통해 무지개를 풀어헤치는 바람에 무지개에 대한 낭만적 시성詩性이 사라져 버렸다며 통탄하기도 했습니다. "신의 약속이던 무지개는 빛에 대한 과학적 설명으로 인해 단숨에 물리적 현상으로 치환되어 버렸다." 그러나 우리는 이 일곱 개의 무지개색에서 출발한 빛의 과학, 즉 '광학'이라는 학문이, 그 작은 호기심의 출발이 어떤 거대한 결과를 가져다주었는지 이미 잘 알고 있습니다.

지금 우리가 보고 체험하는 눈부신 과학기술의 기저에는 광학과 양자역학이 있습니다. 광학은 빛 자체의 성질과 특성을 계속해서 밝혀냄으로써 빛을 이용해 그동안 이해하지 못했던 많은 자연현상을 설명할 수 있도록 해주었습니다. 빛의 과학은 현대 문명의 발전에 커다란 공헌을 했고, 그 결과 우리의 삶 구석구석 깊숙한 곳까지 들어와 있습니다.

과학 분야에서 빛의 혁명이 일어나는 동안, 미술 분야에서도 빛의 물리학은 화가들의 자연에 대한 인식을 혁명적으로 바꾸어놓았습니다. 우리에게 '빛의 화가' 하면 떠오르는 대표적인 화가 클로드 모네Claude Monet는 같은 장소에서 같은 풍경을 몇 번이나 그리고 또 그린 것으로 유명합니다. 몇 차례 런던에 방문한 모네는 안개 낀 템스강과 채링크로스 다리를 바라보며 빛에 의해 시시각각 변하는 풍경을 서른 번이 넘게 캔버스에 담았습니다. 표지에 사용된 작품 〈채링크로스 다리〉도 그 집요한 탐구의 연장으로, 노을 지는 하늘과 물결치는 강물 위로 부서지는 찬란한 빛의 반짝임과 색채가 시공을 초월한 아름다움의 세계로 우리를 안내합니다. 모네의 대표적인 연작인 수련 연못이나 건초 더미는 그에게 있어 계절과 날씨, 시간대에 따라 달라지는 빛을 탐구하기 위한 모델이자 관찰과 실험의 대상이었습니다. 모네를 진정으로 매혹시킨 건 바로 빛 자체였습니다. 그리고 그로부터 시작된 인상주의는 이후 미술의 흐름을 바꿔놓았습니다.

인류 문명에서 빛이 얼마나 중요한 역할을 하는지, 왜 그토록 과학자들이 빛을 이해하려고 애를 썼는지 함께 들여다보고자 합니다. 우리가 너무나 당연하게 여겨 쉬이 지나쳤던 빛의 성질을 살피고, 빛의 과학이 얼마나 우리의 일상 속에 깊숙이 들어와 있는지에 대해 성찰하기도 할 것입니다. 또 미술가들은 빛을 어떻게 직관적으로 이해해서 그것을 붓으로 표현하고자 했는지 아름다운 그림들과 함께 소개하려고 합니다. 빛을 탐구하는 과학의 시선과 미술의 시선이 맞닿는 그 지점에서 우리가 보는 세계가 조금 더 확장되는 놀라운 경험을 하게 될 것입니다.

빛에 관한 과학자들과 미술가들의 이야기를 써야겠다고 마음먹은 것은 연구를 위해 3년 반 동안 머물렀던 미국 뉴멕시코주에서였습니다. 태초의 자연의 모습을 그대로 간직한 뉴멕시코주의 별명은 '매혹의 땅Land of Enchantment'입니다. 사막으로 둘러싸인 이곳에 방문한 사람들은 처음에는 이 별명을 이해하지 못합니다. 하지만 오래 머물며 구석구석을 여행하다 보면 그 이유를 차츰 깨닫게 됩니다. 지반의 융기와 침식 때문에 갈라진 모양의 지형으로 유명한 협곡과 기이한 모양의 수많은 돌산들, 끝없는 흰모래로 뒤덮인 신비로운 사막 화이트샌드, 전파망원경으로 우주에서 오는 신호를 찾는 세티^{SETI} 프로젝트가 진행 중인 로즈웰, 해질녘 수박 색으로 물드는 샌디아산, 토착민들의 터전인 푸에블로와 66번 국도가 지나는 중간 길목인 산타페, 독특한 기류가 생기는 지형 때문에 열기구 축제로 유명한 앨버커키. 한편으로는 사람들의 이목으로부터 멀리 떨어져 꽁꽁 숨겨져 있던 곳이었기에 문명이 할 수 있는 가장 이기적이고 파괴적인 핵실험이 시작된 아픈 역사를 간직한 곳. 유난히 뜨겁게 내리쬐는 태양 아래 시시각각으로 변하는 거대하고 경이로운 자연의 모습 앞에서 강렬한 매혹을 느끼지 않을 사람은 없을 겁니다. 이곳에서 빛에 관한 연구를 하며 보고 느꼈던 것들이 다시금 아름다운 빛으로 피어나길 바라는 마음으로 이 글을 시작했습니다. 매혹의 땅에서 매혹의 빛 이야기를 풀어내고 싶었습니다.

미국의 천문학자인 칼 세이건$^{Carl Sagan}$은 자신의 저서 《코스모스》맨 앞장에 아내 앤 드리앤$^{Ann Druyan}$에게 바치는 헌사를 이렇게 썼습니다. "광막한 공간과 영겁의 시간 속에서 행성 하나와 찰나의 순간을 앤과 공유할 수 있었음은 나에게는 커다란 기쁨이었다." 정말이지 세상에서 가장 로맨틱한 헌사가 아닐 수 없습니다. 두 사람이 같은 공간에서 만나 서로를 인지하고 시간을 공유할 수 있는 확률이 얼마나 될까요. 무려 138억 년이나 된 광활한 우주에서, 그것도 '창백한 푸른 점' 지구의 어느 한 공간에서 바로 그 순간에 우리가 서로 만나고 알아볼 확률은 얼마나 희박하고 그래서 또 얼마나 소중한가요.

8분 전에 태양을 출발해 우주여행을 마치고 지구에 도착한 빛 알갱이 하나가 지금 당신의 눈에 닿아 이 글귀를 읽게 해주고 있습니다. 이 우연에 가까운 확률이 바로 우주의 탄생과 삶 그 자체입니다. 이 아름답고 소중한 찰나의 순간을 여러분과 공유할 수 있어서 너무나 기쁩니다.

1장 본다는 것은 무엇인가 ⋯⋯⋯⋯⋯⋯⋯⋯⋯ 19

우리는 눈을 통해서 물체에 반사된 빛을 본다. 그리고 눈으로 들어온 자극은 신경을 통해 대뇌로 전달되어 물체를 인식한다. 그렇다면 '본다는 것'은 지각의 영역일까, 인식의 영역일까? 빛을 분석한 과학자들과 이 빛을 재현한 미술가들의 집요한 탐구의 과정과 결과를 살펴본다.

4장 세상은 무엇으로 이루어졌는가 149

이 세상은 '물질의 최소 단위'인 원자로 이루어져 있다. 원자의 세계를 설명하면서 등장한 양자역학은 기존의 패러다임을 어떻게 바꿔놓았을까? 또 같은 시기에 기본적인 조형적 요소를 찾아냄으로써 사물과 자연의 본질에 다가가려 한 미술계의 변화를 따라가본다.

5장 무엇이 미래를 결정하는가 197

빛은 파동일까 입자일까? 이 질문을 둘러싼 수 세기에 걸친 과학자들의 논쟁은 고전역학에서의 결정론과 인과율을 부정하고 모호하기 그지없는 불확정성과 이중성을 내놓았다. 미술가들 또한 무한한 상상력으로 하나의 정답이 존재하지 않는 새로운 개념의 예술 세계를 펼쳐 보인다.

6장 빛은 시간의 흔적일까

'빛의 속도는 언제나 같다'는 사실에서 출발해, 시간과 공간이 절대적이지 않다는 점을 밝혀낸 것이 상대성이론이다. 이를 통해 빛을 활용하는 새로운 영역을 개척한 과학자들과 시공간의 상대성을 그들만의 방식으로 시각화한 미술가들의 놀라운 상상력을 만나본다.

1장

─────

본다는 것은 무엇인가

"우리가 보는 모든 것은 무언가를 숨기고 있고,
우리는 늘 우리가 보는 것에
무엇이 숨어 있는지 궁금해한다."

르네 마그리트

'본다는 것'의 실체를 탐구하는 것은 하염없이 빛을 좇아가고 빛 속으로 뛰어드는 일이다. 우리가 무엇인가를 보기 위해서는 빛이 있어야 하기 때문이다. 우리는 우리의 눈을 통해 무엇인가를 본다고 생각하지만, 실제로는 어떤 물체에서 반사된 빛이 우리 눈에 도달한 것이다. 빛이 없는 어둠 속에서는 눈을 뜨고 있어도 아무것도 볼 수 없다. 우리는 빛이 부리는 마법을 통해서만 세상을 볼 수 있다. 그런데 물체에서 반사된 빛이 눈의 망막에 가닿는 물리적 현상이 '본다는 것'의 전부는 아니다. 망막의 세포들은 빛이 보낸 신호를 시신경을 통해 뇌로 보내는 역할을 한다. 이때 뇌에서 인지적 과정이 일어난다. 빛이 보낸 신호를 실시간으로 분석해 여러 가지 정보를 결합하고 해석하는 것이다. 이 모든 과정이 '본다는 것'의 영역에 포함된다.

빛은 인간의 감각으로는 따라잡을 수 없을 만큼 빠른 속도로 움직인다. 빛이 눈에 들어와 신호를 만들어내고 뇌로 전달되는 과정 역시 그야말로 눈 깜짝할 사이에 이루어진다. 이 짧디짧은 순간에 눈이라는 작은 우주에서 벌어지는 일은 신비로움 그 자체이다. 빛과 눈은 우리가 세상을 인식하도록 해주는 가장 중요한 존재이지만, 그들이 하는 일에 관해 제대로 알아내는 것은 결코 쉽지 않다. 과학의 눈부신 발전과 더불어 인간의 시각 작용에 관한 이해도 계속 깊어졌지만, 아직 봉인이 풀리지 않은 비밀들도 무궁무진하다.

빛이 본격적인 과학의 영역으로 들어오게 된 그 시작에는 색채가 있다. 색채는 빛을 드러내는 중요한 본질 중 하나이다. 과학자들은 이미 오래전부터 빛과 색채의 비밀을 밝혀내기 위한 연구를 해왔다. 하지만 수백 년에 걸쳐 여러 철학자와 과학자가 벌여온 색채론 공방은 아직도 완전한 결론에 이르지 못했다. 빛과 색이 객관적 실체로서만 존재한다고 보는 과학자들도 있지만, 빛과 색을 지각하는 주체로서 인간의 경험을 배제하는 것에 반대하는 과학자들도 여전히 있기 때문이다.

빛과 색채에 대한 관찰과 집요한 해석이 과학자들에 의해서만 이루어진 것은 아니다. 과학자들이 실험과 수식을 이용해 빛의 정체를 설명하기 위해 노력하는 동안, 빛을 통해 보이는 세상을 직관적으로 수용하고 표현하고자 했던 이들이 있다. 바로 미술가들이다. 손에 잡히는 구체적 형상으로 존재하지 않는 빛을 담아내기 위해 미술가들은 빛에 의해 드러나는 자연의 아름다움을 묘사하는 데에 몰두했다. 미술가들에게 빛과 색채는 정신과 감정을 매개로 한 신의 선물이었다. 그들은 색의 대비를 통해 새로운 감각을 자극할 수 있다고 믿었고, 색채를 통해 햇빛에 의한 사물의 온도감각을 표현하고자 했다. 유화 물감이 발명되고 이 유화 물감을 담는 작고 가벼운 금속 튜브가 만들어지면서 미술가들은 빛에 의해 시시각각 변화하는 풍경을 야외에서 직접 관찰하면서 그릴 수 있게 되었다. 빛에서 출발해 다양한 색이 만들어지고 이 색들은 미술가들의 손끝에서 조화롭게 어우러지며 자연의 생명력과 아름다움을 재창조했다.

미술가들은 '본다는 것'의 의미에 대해서도 눈의 망막과 시신경에서 일어나는 물리적·화학적 현상을 넘어서 다른 차원으로 접근하고자 했다. 초현실주의 화가 르네 마그리트Rene Magritte는 비현실적인 상황을 묘사함으로써 우리가 당연히 보고 있다고 여겼지만 정작 보지 못했던 것들을 환기하며 일상적 경험에 대해 의문을 제기한다.

마그리트의 작품 〈금지된 재현〉에서 양복을 입은 남자는 거울

르네 마그리트, 〈금지된 재현〉, 1937년

앞에 뒷모습을 보이며 서 있다. 그의 앞모습은 어떨까. 그는 뒤돌
아 서서 무엇을 감추고 있는 것일까. 우리는 이 그림을 보며 본능
적으로 궁금해진다. 그러나 거울에 비친 것 역시 남자의 앞모습이
아니라 무언가를 숨기고 있는 듯한 그의 뒷모습일 뿐이다. 우리가

보고 있는 남자의 뒷모습을, 그림 속 남자 역시 똑같이 보고 있다. 그는 자신의 진짜 모습을 대면하지 않으려고 하는 것일까, 아니면 그저 타인의 시선으로 자신을 바라보는 것일까. 마그리트는 '본다는 것'이 '대상 속에 숨어 있는 것이 무엇인지 알아내는 과정'을 내포하고 있다는 점을 이 그림을 통해 말해주고 있는 듯하다. 그리고 자연의 '재현'과 '묘사'라는 미술의 영역을 내면으로까지 넓혀 '본다는 것'의 의미를 더욱 확장시켰다.

눈이라는 작은 우주에서 벌어지는 일

우리가 눈으로 어떤 물체를 보고 인식하는 과정은 빛에서 출발한다. 빛은 물체의 표면에 닿으면 반사되어 우리 눈의 동공을 통과해 수정체를 지나 망막에 도달한다. 인간의 눈에서 빛에 반응하여 시각 작용을 하는 것은 망막이다. 동공과 수정체는 망막이 빛에 잘 반응할 수 있도록 도와주는 역할을 할 뿐이다.

눈에 닿은 빛은 동공을 통해서 눈 안쪽으로 들어가게 되는데, 이때 동공이 카메라의 조리개처럼 빛의 양을 조절하는 역할을 한다. 주변의 근육들에 의해 동공 크기가 조절되면서 눈으로 들어가는 빛의 양이 달라진다. 빛의 양이 부족한 밤이나 어두운 곳에서는 빛을 좀 더 모으기 위해 동공의 크기가 커진다. 밤에도 민첩하게 활동하는 고양이의 동공은 동그랗지 않고 아래위로 길쭉한 타원 모양인데, 위아래로 여닫히는 눈꺼풀과 세로로 길고 좁게 수축하는 동공 덕분에 고양이는 훨씬 정교하게 빛의 양을 조절할 수 있다.

동공을 통과한 빛은 수정체를 지나는데, 수정체는 일종의 렌즈 역할을 하며 빛이 굴절되어 망막에 잘 도달하도록 도와준다. 수정체의 두께가 너무 두껍거나 얇으면 또는 이 두께 조절이 자유롭게 일어나지 않으면 망막에 상이 맺히는 작용에 어려움이 생겨 시력에 문제가 발생한다.

이러한 조직적인 과정을 거쳐 빛이 망막에 도달하는데, 망막에는 여러 개의 세포층이 존재하며 각 세포층은 고유 기능을 담당하도록 정교하게 설계되었다. 먼저 빛이 수정체를 지나서 망막에 닿으면 가장 안쪽에서 이를 수용하고 감지해 전기적 신호로 변환해주는 빛수용체 세포를 만난다. 빛수용체 세포는 시각세포라고도 하며, 간상세포와 원추세포로 이루어져 있다. 간상세포는 명암을 구분할 수 있게 해주고, 원추세포는 색을 구분할 수 있게 해준다. 시각세포에 있는 레티날retinal이라고 하는 물질은 빛의 자극을 받으면 스스로 분자 구조를 바꾸어 뇌에서 이해할 수 있는 언어로 신호를 생성하는 화학적 작용을 일으킨다.

각각의 시각세포가 빛에 반응해 내보내는 전기적 신호는 연접한 쌍극세포층으로 보내진다. 시각세포로부터 신호를 받은 쌍극세포층에서 이 신호의 크기를 더하거나 빼는 연산 과정이 이루어진다. 쌍극세포층에서 연산된 최종값을 모아 시신경으로 보내는 역할을 하는 것은 신경절세포층이다. 뇌는 시신경으로부터 전달받은 정보를 저장되었던 기억과 학습된 지식에 의존하여 수용하고 해석한다.

놀랍게도 '본다'라는 직관적이고 원초적인 행위는 물리를 비롯해 전기, 화학, 생물학, 생리학, 심리학 등 모든 과학적 현상들이 연

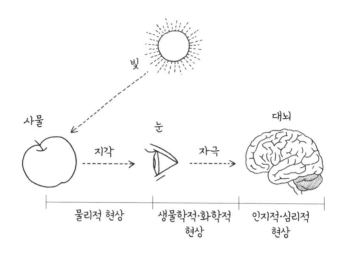

사람의 눈이 사물을 인식하는 과정

쇄 반응을 일으키며 완성된다. 외부에서 반사된 빛이 눈에 도달해 망막에 닿기까지의 과정이 물리적 현상이라면, 망막 내에 조직적으로 분포한 시각세포가 뇌가 이해할 수 있는 언어로 신호를 생성하는 과정은 생물학적·화학적 현상이다. 세포들은 유기적으로 연결되어 상호작용하며 신호를 생성하고 주고받는다. 뇌에서 시신경으로부터 전달받은 신호를 해석하는 일에는 인지적·심리적 반응이 관여한다.

눈에서 일어나는 모든 과학적 현상들은 우리가 세계를 보고 인식하고 이해하기 위한 과정이다. 빛과 대상을 내부로 끌어들여 인간의 뇌가 해석할 수 있는 신호로 바꿔주는 것이 바로 눈이 하는 일이다. 그중에서도 가장 핵심적인 역할을 하는 것은 망막이다. 망막은 눈의 가장 안쪽에 존재해 외부로부터 철저하게 차단되고 보호된다.

망막에 도달한 빛은 유기적으로 얽혀 있는 각 세포층을 거치면서 여러 가지 작용을 일으키고 뇌에서 이해할 수 있는 언어로 신호를 생성한다. 망막의 세포들이 어떻게 연결되고 반응하느냐에 따라 뇌에 전달되는 시각 정보가 결정된다. 가령 원추세포가 빛의 삼원색인 빨강·초록·파랑에 각각 반응하는 세 가지 세포만으로 구성되어 있는데도 우리가 무수하게 많은 색채를 인식할 수 있는 이유는 이 세 가지 세포들이 얼마든지 다양하게 조합되는 것이 가능하기 때문이다. 색채를 부르고 표현하는 언어에 한계가 있을 뿐 색채는 무한하게 존재한다. 눈은 단순히 빛의 신호를 수용하고 전달하는 기계적인 역할에 머무르지 않고 여러 세포의 유기적인 얽힘과 신호의 재배치를 통해서 다양한 기표와 의미를 만들어내는 데에까지 나아간다.

스페인의 신경과학자 산티아고 라몬 이 카할Santiago Ramón y Cajal이 그린 〈포유류 망막의 구조〉라는 그림은 망막의 세포들이 얼마나 조직적인 구조로 이루어져 있는지 잘 보여준다. 각각의 기능을 담당하는 세포들이 유기적으로 얽혀 있는 망막의 구조는 마치 하나

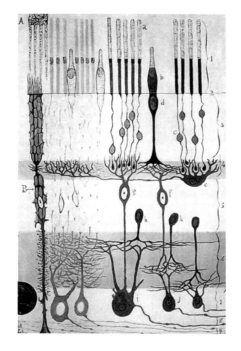

산티아고 라몬 이 카할
〈포유류 망막의 구조〉, 1900년

의 미술 작품처럼 아름답다.

　만일 커다란 우주에 단 하나의 생명체가 있다면 그 존재 의미를 정의할 수 있을까. 우주에서 개별 생명체는 켜지고 꺼지는 하나의 신호로 존재할 뿐이다. 개별 생명체는 다른 생명체와 유기적인 관계를 통해 얽히고 새롭게 재배치될 때 비로소 의미 있는 존재로 정의 내려지고 생명력을 부여받을 수 있다. 그런 점에서 눈이라는 작은 우주에서 일어나는 놀랍도록 복잡하면서도 정교한 일들은 단순히 '본다'라는 행위를 넘어선 생명의 시작이자 동시에 완성이기도 하다.

펜로즈의 계단이 예술가들에게 준 영감

우리가 빨갛고 동그란 모양을 가진 과일을 보며 '사과'라는 이름을 떠올리기까지 걸리는 시간은 얼마나 될까. 빛의 신호는 밀리초 milliscond, 10^{-3}초 단위의 짧은 시간에 뇌까지 도달해 인지적 반응을 일으킨다. 그야말로 '눈 깜짝할 사이'에 끝나버리기 때문에 그 과정에서 일어나는 일들을 스스로 정확하게 알아차리기란 거의 불가능하다. 신기한 일은 이 찰나에 가까운 순간에 '착시'나 '각인'과 같은 복잡하고 신기한 인지 작용이 일어난다는 점이다.

오스트리아 동물학자 콘라트 로렌츠 Konrad Z. Lorenz는 오리나 거위와 같은 가금류 동물이 알에서 부화해 13~16시간 이내에 처음 보는 움직이는 대상을 어미로 여기며 졸졸 따라다니는 현상을 관찰하고, 이러한 인지적 현상을 '각인 imprinting'이라고 명명했다. 각인이란 '어떤 대상을 인지하고 머릿속에 새기듯 기억한다'라는 의미이다. 오리가 처음 보는 움직이는 대상을 어미로 인지하고 각인하는 과정은 빛이 모든 단계를 거쳐 뇌까지 왔을 때 비로소 일어난다. 그 찰나의 순간에 진행되는 인지 작용은 생각보다 훨씬 복잡하고 오묘하다. 한편으로 이는 우리가 무언가를 '본다는 것'에서 눈에 못지않게 두뇌의 역할이 매우 중요하다는 점을 상기하게 한다.

동물에게만 각인과 같은 인지 작용이 일어나는 것은 아니다. '새끼 오리 증후군babyduck syndrome'이라는 개념이 있다. 컴퓨터 사용자가 자신이 학습한 최초의 시스템을 선호하고 익숙하지 않은 시스템은 싫어하는 경향을 일컫는다. 일종의 각인 현상이다. 자신도 모르게 뇌의 어딘가에 저장되었던 시각 정보가 자신의 판단과 행동을 조종하려 든다고 생각해본 적이 있는가. 그렇다면 이미 각인 현상을 경험해본 것이다.

착시도 시각 및 인지 작용에 내재한 은밀한 비밀 중 하나이다. 착시에는 '물리적 착시'와 '인지적 착시'가 있다. 물리적 착시는 시각세포가 명암, 기울기, 색상 등 특정 자극을 과도하게 수용함으로써 이를 억제하는 과정에서 발생한다. 잔상 효과에 의해 실제로는 존재하지 않는 것이 보이거나 색의 대비에 따라 이미지가 더 밝거나 어둡게 보이는 것도 특정 시각 자극이 과도하게 수용되어 일어나는 착시 현상이다. 주변 형상의 상대적인 분포에 따라 반듯한 선이 휘어져 보이거나 같은 길이의 세로 선이 다르게 보이는 것도 모두 물리적 착시에 해당한다.

인지적 착시는 눈에서 받아들인 정보를 뇌에서 무의식적으로

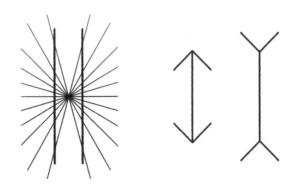

물리적 착시를 일으키는 이미지들

추론하는 과정에서 발생한다. 뇌에서 기존에 알고 있던 정보를 잘못 불러내거나 착각해 오답을 생성해내는 것이다. 2020년에 블랙홀 연구에 대한 공로로 노벨물리학상을 받은 영국 물리학자 로저 펜로즈^Roger Penrose가 고안한 '펜로즈의 삼각형'이 대표적인 예이다. 펜로즈의 삼각형은 2차원 평면에 마치 가능한 것처럼 그려져 있지만 실제로 3차원의 공간에서는 구현할 수 없다. 펜로즈의 삼각형에 이어 그가 고안한 '펜로즈의 계단'도 이와 비슷하다. 펜로즈 계단은 처음과 끝이 서로 연결되어 있어서 계속해서 올라가거나 내려가도 결국에는 제자리로 돌아오게 된다. 역시나 2차원 평면으로는 그릴 수 있지만 3차원에서 실제로 구현하는 것은 불가능한 구조인데 인지적 착시를 이용해 마치 가능한 것으로 착각하도

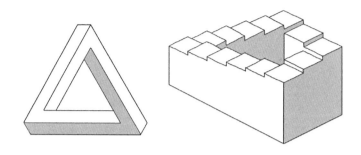

펜로즈의 삼각형(왼쪽)**과 펜로즈의 계단**(오른쪽)

록 만들어졌다.

펜로즈의 계단은 크리스토퍼 놀란^{Christopher Nolan} 감독의 영화 〈인셉션〉과 마블 코믹스 원작의 〈닥터 스트레인지〉를 비롯해 〈라비린스〉, 〈박물관이 살아 있다〉와 같은 판타지, SF 영화에도 중요한 배경 또는 상징으로 등장한다. 최근 전 세계적인 인기를 끈 한국의 웹드라마 〈오징어 게임〉에도 펜로즈의 계단을 형상화한 끝없는 미로가 알록달록한 색채로 눈길을 끌며 등장한다.

네덜란드 판화가 마우리츠 코르넬리스 에스허르^{Maurits Cornelis Escher}는 의도적인 인지적 착시를 통해 흥미로운 작품을 많이 선보인 화가 중 한 명이다. 특히 펜로즈의 삼각형과 계단에서 상상력을 자극받아 여러 패러독스적인 작품을 창작했다. 〈올라가기와 내려가기〉에서 수도사들은 계단을 통해 위로 올라가는 듯 보이지만

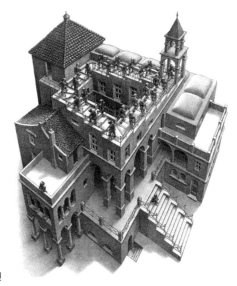

마우리츠 코르넬리스 에스허르
〈올라가기와 내려가기〉, 1960년

한편으론 내려가고 있는 것처럼 보인다. 또 어떤 수도사들은 내려 가고 있는데 그 계단은 올라가는 계단과 이어져 있다. 이 불가능 한 세계가 그림 속에서는 너무도 현실감 넘치게 묘사되어 있다.

  에스허르는 예술적인 아름다움을 통해 인간의 인지적 허점을 들춰내려 했던 것일까. 아니면 정말로 에스허르가 인식한 세계의 모습은 모든 것이 끝없이 원점으로 되돌아오는 모순과 혼돈으로 가득한 곳이었을까. 어느 쪽이었든, 과학으로부터 영감을 받아 탄 생한 에스허르의 작품들은 다시 여러 과학자와 수학자를 비롯해 영화감독과 같은 창작자와 예술가들에게 영감을 주며 꺼지지 않는 생명력을 얻었다.

흰 고양이의 그림자는 파란색?

우리가 어떤 사물을 인식하는 과정에서 가장 커다란 영향을 미치는 두 가지 요인은 색과 거리에 대한 지각이다. 상대적 거리에 대한 지각은 사물의 형태와 크기 및 원근을 식별하게 해주며, 여기에 색에 대한 지각이 더해져 사물에 대한 좀 더 완전한 정보를 갖추게 된다.

앞에서도 설명했듯이, 우리가 색을 지각할 수 있는 것은 망막의 빛수용체 세포 덕분이다. 빛수용체 세포는 색의 차이를 지각하는 원추세포와 명암의 차이를 지각하는 간상세포로 이루어져 있다. 이 세포들은 망막에 매우 촘촘하게 분포되어 있다. 컴퓨터 화면의 픽셀과 거의 비슷하지만 그렇게 균일한 방식으로 배열되지는 않았다. 빛의 신호에 따라 세포들의 불이 켜지거나 꺼지면서 어떤 밝기와 색의 이미지가 망막에 만들어진다. 이를 망막에 '상이 맺힌다'라고 표현한다.

모든 인간의 망막에는 세 가지 원추세포가 있지만 그렇다고 해서 색을 지각하는 능력이 일정한가 하면 그렇지 않다. 인간의 눈은 빛에 의한 색채 정보를 정량적으로 수용하지만, 뇌는 이 정보를 기계적으로 처리하지 않고 주변 배경과 색의 배치 등과 같은 요인들을 바탕으로 무의식적 추론을 추가해 종합적인 판단을 하기 때문이다. 색을 지각하는 과정에서 인지적 착시가 일어나는 이유, 즉 사람들이 같은 색의 사물을 보고도 서로 다른 색을 보았다고 말하는 이유는 바로 여기에서 비롯된다.

특히 사람마다 원추세포와 간상세포의 상대적 민감도가 다른 것도 색채의 차이를 불러오는 요인이 된다. 가령 원추세포의 민감도가 높은 사람은 어떤 이미지를 볼 때 색의 차이에 더 주목하게 되고, 간상세포의 민감도가 높은 사람은 빛의 양이나 조명 효과와 같은 정보를 더 중요하게 받아들인다. 그 결과 두 사람은 같은 대상을 보면서 서로 다른 색이라고 지각하게 된다.

어둠 속에서 밝은 햇빛 아래로 걸어 나오는 고양이를 한번 그려 보자. 고양이는 무슨 색일까. 거친 윤곽을 그린 선은 분명 파란색이다. 완성된 고양이 그림을 보자. 이제 고양이는 무슨 색인가. 어떤 사람은 흰색 고양이가 빛을 향해 앞으로 걸어 나오고 있다고 볼 것이다. 이 사람은 고양이를 보면서 그림자 효과를 함께 고려했기 때문에 전면의 황동색 부분에는 따뜻한 햇볕이 비추고 있음을, 후면의 파란색 부분은 그림자가 졌음을 인지할 수 있을 것이

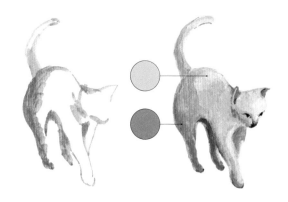

인지적 착시를 보여주는 고양이 그림

다. 색의 차이에는 민감하게 반응하지만 상대적으로 명암 대비에
는 둔감한 사람이라면 어떨까. 아마도 파란색과 황동색의 뚜렷한
보색 대비를 그림자 효과로 인지하지 못한 까닭에 황동색의 밝은
조명이 파란색 고양이의 몸을 비추고 있는 것으로 볼 것이다.

피에르 오귀스트 르누아르Pierre Auguste Renoir는 아름다운 색채로
빛과 그림자를 표현한 '빛의 화가들' 중 한 명이다. 르누아르의 작
품 〈그네〉를 보면 드레스를 입은 여인이 그네를 타고 있다. 우리는
그림을 보며 흰색 드레스를 입은 그녀가 오후의 따가운 햇볕이 나
무 틈새로 내리쬐는 숲속 공원에 있을 것이라고 생각한다. 그러나
실제 드레스를 확대해보면 흰색이 아니라 파란색과 황동색의 점
들이 칠해져 있다. 인상주의 특유의 기법인 거친 붓질로 파란색과

피에르 오귀스트 르누아르, 〈그네〉, 1876년

노란색 계열의 물감이 번갈아 칠해져 있어 드레스가 밝은 태양 아래에 놓인 흰색이라는 무의식적 추론을 하게 되는 것이다.

르누아르의 다른 작품들처럼 〈그네〉역시 그림 속에서 눈부신 빛이 반짝거리는 듯한 느낌을 받을 수 있다. 빛과 그림자의 리듬감 있는 변주는 아름다움과 더불어 행복한 감정을 느끼게 해준다. 화가의 눈을 통해 들어오는 빛은 색채들과 함께 다양한 감정들까지 불러들인다. 화가들에게 '본다는 것'은 눈을 통해 대상을 인지하는 것 이상의 의미를 지닌다. 우리가 정교하면서도 신비로운 색의 조합으로 표현된 빛의 아름다움을 붙잡아 두고 오랫동안 감상할 수 있는 것도 그들의 눈길에 담긴 호기심과 열정 덕분이다.

뉴턴이 일곱 가지 무지개색을 찾아내기까지

아이작 뉴턴은 사과로 우주의 비밀을 풀어낸 과학자로 우리에게 친숙하지만, 한편으론 무지개가 일곱 가지 색이라는 점을 실험으로 증명한 최초의 과학자이기도 하다. 그는 '광학'의 창시자로서 빛의 성질과 특성에 대한 분석 및 정의를 본격적인 학문적 궤도에 올려놓는 데 큰 공헌을 했다.

지금 우리는 빛이 있는 곳에서 사물의 색을 볼 수 있는 것이 당연하다고 생각하지만, 17세기의 사람들은 색이 어떻게 생기는지, 우리가 어떻게 색을 볼 수 있는지 확실하게 알지 못했다. 뉴턴 이전의 과학자들은 사물에 색이 있다고 생각했다. 혹은 빛이 사물에 닿는 과정에서 변형이 되어 색이 생기는 것이라고 설명하기도 했다. 뉴턴은 처음으로 빛 자체에 색이 존재한다는 것을 밝혀냈다. 빛이 순수한 흰색이라고 생각했던 사람들은 엄청난 충격을 받았지만, 그의 끈질긴 실험과 해석 덕분에 인류는 빛의 신비에 한 발 다가갈 수 있었다.

뉴턴의 빛에 관한 연구 중 가장 중요한 부분은 '빛의 분광', 즉 프리즘을 이용해 흰색으로 보이는 햇빛이 일곱 가지 색으로 나누어진다는 점을 밝혀낸 것이다. 어느 화창하게 맑은 날, 뉴턴은 어두운 방의 좁은 틈에서 한 줄기 햇빛이 들어오는 것을 지켜보았다. 틈새로 삐져나온 한 줄기 햇빛은 하얗게 보였다. 그런데 유리로 만든 프리즘을 통과한 햇빛은 반대편 벽에서 영롱한 무지개색으로 펼쳐졌다. 그는 다른 프리즘을 가지고 펼쳐진 빛을 모으는 실험도 했다. 일곱 가지 색으로 분산되었던 빛은 반대 방향의 프리즘을 통과하자 다시 흰색으로 합쳐졌다. 그의 프리즘 실험은 빛이 프리즘을 통과하며 색을 만드는 것이 아니라 빛 자체에 모든 색이 혼합되어 있다는 점을 증명해주었다.

뉴턴은 흰색의 햇빛이 일곱 가지 무지개색으로 이루어져 있다고 밝힌 후에 각각의 색들을 얼마나 더 많은 색으로 다시 쪼갤 수 있는지 살펴보는 실험도 했다. 프리즘을 통과한 무지개색은 반대로 놓인 프리즘을 다시 통과할 때 흰색으로 합쳐졌는데, 붉은색의 빛줄기만 분리해 두 번째 프리즘을 통과시키자 여전히 붉은색 빛줄기만 흘러나왔다. 이는 빛 속의 여러 색 가운데 더 이상 다른 색으로 분할되지 않는 '원색'이란 것이 존재함을 의미한다. 뉴턴의 이 프리즘 실험들은 1704년에 출간된 그의 저서 《광학Opticks》에 포함되었다.

뉴턴은 일곱 가지 무지개색을 원형 다이어그램에 배열한 색상환을 만들면서 세 가지 원색인 빨간색·노란색·파란색의 맞은편에 보완이 되는 색을 배치했다. 빨간색red의 맞은편에 초록색green을 배치했고, 노란색yellow의 맞은편에 보라색violet을 배치했다. 이는 대조되는 색의 상호보완이 시각적인 효과를 높일 수 있다는 점을 보여주었다. 뉴턴의 색상환은 1708년 프랑스 화가 클로드 부테Claude Boutet에 의해 확장되어 삽화로 그려졌는데, 이것이 오늘날 색상환의 시초가 되었다.

그런데 뉴턴은 왜 빛에 일곱 가지 색이 있다고 결론지었을까. 지금 해볼 수 있는 추론은 당시의 문화적 배경에서 '7'이 매우 성스럽고 의미 있는 숫자였다는 점이다. 구약성서에서 신은 세상을 7일 만에 창조했으며, 천문학자는 움직이는 별을 태양, 달, 화성,

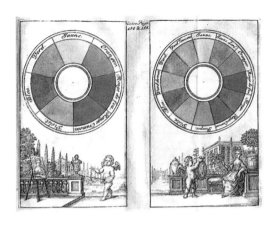

클로드 부테가 그린 색상환

수성, 목성, 금성, 토성의 일곱 개로 분류했다. 또 고대의 수학자 피타고라스는 수학적 원리를 바탕으로 일곱 가지 음계를 만들었다고 알려져 있다.

사실 과학적인 관점에서 빛과 색의 비밀을 풀어내기 훨씬 이전부터 사람들은 무지개를 신비롭고 아름다운 대상으로 동경했다. 빛이 만들어낸 화려한 색의 향연은 언제나 찬란한 꿈이자 희망을 상징했다. 예술가들은 빛과 색을 신이 선물한 영적인 존재로 여기기도 했다.

뉴턴이 빛과 색의 관계를 밝혀낸 것은 17세기인데, 네덜란드 화가 얀 반 에이크^{Jan van Eyck}는 이미 15세기에 〈수태고지〉라는 작품에서 태양을 정확히 일곱 개의 빛줄기로 표현했다. 그림을 보면 왼쪽 위의 창에서 들어오는 일곱 개의 광선이 마리아를 향하고 있는데, 이는 성령의 일곱 가지 은혜로운 선물인 지혜·통찰·의견·용기·지식·공경·경외로 해석된다. 동시에 대천사 가브리엘에게 달린 무지갯빛 날개 역시 태양이 일곱 개의 색깔로 나뉨을 암시하는 것처럼 보인다.

〈수태고지〉는 가브리엘 대천사가 마리아에게 하나님의 아들, 예수 그리스도를 성령으로 잉태했음을 알리는 순간을 그린 그림이다. 에이크는 〈수태고지〉를 그린 많은 화가 중에서도 마리아가 실제로 느꼈을 법한 감정을 매우 세밀하고도 정확하게 잘 표현한 것으로 평가받고 있다. 비밀을 마주한 순간의 놀라움과 두려움, 신비와 경이로움이 그대로 전해지는 듯하다.

파랑은 멜랑콜리, 감정을 전하는 색채

뉴턴에 의해 정립된 빛과 색에 대한 광학 이론은 19세기 초반 요한 볼프강 폰 괴테Johann Wolfgang von Goethe에 의해서 부정되었다. 괴테는 빛과 눈 사이의 상호작용을 배제하고 빛과 색의 관계를 정립한 뉴턴의 관점을 기계적이고 결정론적이라고 비판하면서, 색채

얀 반 에이크, 〈수태고지〉(부분), 1434~1436년경

는 빛과 사물 그리고 결정적으로 인간의 감각에 의해서만 설명할 수 있다고 주장했다. 더 나아가서는 색채를 관찰자와 아무런 관계가 없는 객관적 대상으로만 파악한 뉴턴의 광학 이론은 우리가 다채로운 세계를 인식하는 데 오히려 장애가 된다고 설명했다.

색채란 자연에서 결정되는 것이 아니라 인간의 눈이 상호작용함으로써 성립된다는 괴테의 주장은 몇몇 생리학자와 심리학자의 연구를 통해 심화되고 발전되었다. 그중에서도 독일의 생리학자 카를 에발트 콘스탄틴 헤링Karl Ewald Konstantin Hering은 망막에서의 화학작용이 색의 지각에 미치는 영향을 설명함으로써 괴테의 주장에 무게를 실어주었다.

헤링은 시각세포에 세 종류의 광화학 물질인 빨강-초록, 파랑-노랑, 검정-하양이 존재한다고 가정하고, 빛이 들어올 때 망막에서 그 물질을 분해하고 합성하는 반대 반응이 동시에 일어나 그 반응 비율에 따라 여러 가지 색을 지각한다는 '반대색설opponent-color's theory'을 주장했다. 그는 이러한 복합적인 반응의 결과로 삼원색뿐 아니라 여러 가지 색이 보일 수 있다고 설명했다. 헤링의 이론은 우리가 흔히 경험하는 '보색잔상' 현상을 설명해줄 뿐만 아니라 눈의 작용과 반작용에 의해 색이 보이기도 한다는 괴테의 주장 역시 뒷받침해준다.

다음 그림의 초록색 물고기와 빨간색 물고기를 보면서 작은 실

보색잔상을 일으키는 물고기 그림

험을 해보자. 먼저 초록색 물고기를 한참 응시하다가 흰색 종이를
보자. 그러면 초록색의 보색인 빨간색의 물고기가 돌아다니는 잔
상이 보인다. 반대로 빨간색 물고기를 오랫동안 보다가 흰색 종이
로 눈을 돌리면 초록색 물고기가 보인다. 이것이 '보색잔상' 현상
이다. 이러한 현상이 일어나는 이유는 무엇일까. 초록색을 오랫동
안 보고 있으면 망막의 원추세포 중 초록색에 민감한 세포가 과
도한 신호를 받게 된다. 그러면 인체는 본능적으로 초록색을 관장
하는 원추세포를 일시적으로 끄면서 보색에 해당하는 빨간색을
관장하는 원추세포를 자극하여 세포들을 보호한다. 이처럼 우리
가 색을 지각하는 경험에는 생리적·심리적 감각이 개입한다는 것
이 괴테의 주장이었다.

　당시 이러한 괴테의 주장은 거의 주목을 받지 못했지만, 20세
기에 이르러 독일의 물리학자 베르너 카를 하이젠베르크[Werner Karl]

Heisenberg에 의해 재조명되기도 했다. 1941년 하이젠베르크는 현대 물리학의 관점에서 괴테와 뉴턴의 색채론을 분석하는 논문을 발표했다. 하이젠베르크는 자연과학이 지닌 기계론적 사고방식의 위험성을 예고하고 있다는 점에서 현대에 이르러 괴테의 주장이 오히려 더 큰 의미를 지닌다고 보았다.

하이젠베르크가 보기에 괴테의 색채 연구에서 주목할 점은 인간이 색을 지각하는 현상과 경험을 구체적이고 정확하게 설명한 부분이었다. 괴테는 1809년에 '정신과 영혼의 상징화를 위한 색상환'을 발표했는데, 노랑·파랑·빨강·주황·초록·보라의 여섯 가지 색으로 구분하고 색온도(파장)에 따른 심리적 해석을 덧붙였다. 색상환을 보면 노랑에는 온순한gut, 주황에는 고귀한edel, 빨강에는 아름다운Schön, 초록에는 유용한nützlich, 파랑에는 세속적인gemein, 보라에는 불필요한unnötig이라는 단어로 각각의 심리적 해석이 쓰여 있다. 이와 더불어 괴테는 황색 계열의 색에는 빛·밝음·강함·따뜻함이, 청색 계열의 색에는 암흑·어둠·약함·차가움이 담겨 있다며 여러 색을 두 가지 계열로 분류해 설명하기도 했다.

색이 언어처럼 상징성을 내포하고 있다고 설명한 괴테의 색채론은 인간의 감정과 개성을 담아 빛과 색을 표현하고자 했던 예술가들에게 커다란 영향을 미쳤다. 괴테 자신의 문학작품에서도 색은 감성을 표현하는 중요한 수단이었다. 괴테는 1774년 출간한 그

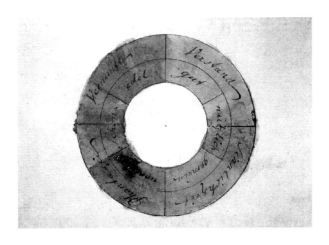

색채에 심리적 해석을 더한 괴테의 색상환

의 소설《젊은 베르테르의 슬픔》에서 주인공 베르테르가 파란색 연미복을 입은 것으로 묘사했는데, 낭만주의 시대였던 당시 파란색은 젊은이들 사이에서 '멜랑콜리한' 감성을 불러일으키는 색으로 크게 유행했다.

독일 낭만주의 화가 카스파르 프리드리히Caspar D. Friedrich의 〈안개 바다 위의 방랑자〉에도 짙은 청색 계열의 연미복을 입은 남자가 등장한다. 맹렬하게 요동치는 파도를 마주하고 있는 남자의 뒷모습은 몹시 고독하고 우울해 보인다. 어둡게 칠해진 파란색이 불러일으키는 강렬하면서도 멜랑콜리한 감정은 색채와 감정의 관계에 대해 다시 한 번 생각해보게 한다.

카스파르 프리드리히, 〈안개 바다 위의 방랑자〉, 1817년

빛을 분석한 과학자들, 빛을 재현한 화가들

뉴턴이 프리즘 실험을 통해서 빛 속에 다양한 색이 있다는 사실을 깨닫고 과학적 분석을 시도한 것을 시작으로 물리학자들은 본격적으로 색채에 관한 이론을 정립하고자 했다.

1802년에 토머스 영Thomas Young은 빛의 삼원색이 빨강·초록·파랑이고, 망막에 각 원색의 자극에 반응하는 세 가지 빛수용체 세포가 있다는 것을 처음으로 밝혀냈다. 이어서 헤르만 폰 헬름홀츠Hermann von Helmholtz는 세 가지 빛수용체 세포가 감지하는 빛의 조합에 따라 모든 색을 지각하는 것이 가능하다는 점을 생리학적으로 증명하고 삼원색설로 정립했다. 무의식적 추론과 인지적 착시의 관계에 대한 가설을 처음으로 제기한 것 역시 헬름홀츠이다. 두 사람의 업적을 합쳐서 빛의 삼원색설을 영-헬름홀츠설이라고 부르기도 한다.

1964년 미국의 생물물리학자 에드워드 맥니콜Edward F. MacNichol Jr.은 뉴턴의 기계적이고 과학적인 해석을 따르는 설명과 괴테의 심리적 해석에 무게를 두는 색채 이론을 절충하여 '혼합설'을 제기했다. 맥니콜은 인간의 눈이 빛을 감지할 때는 뉴턴의 광학적 분석과 영-헬름홀츠의 삼원색 논리에 따르고, 여기서 발생하는 신호를 뇌에서 수용하는 과정에서는 괴테와 헤링이 설명한 것처럼 보색잔상과 같은 색의 대비 현상이 일어난다고 설명했다. 앞에서 사례로 설명했던, 빛을 향해 걸어 나오는 고양이를 보면서 파란색과 황동색을 지각하는 동시에 그림자 효과라는 무의식적을 추론을 추가하는 과정에도 서로 다른 방향의 인지적 현상이 혼재된 것으로 볼 수 있다.

영-헬름홀츠설은 시각을 통해 빛을 감지하고 색을 인지한다는 현대적 색채 이론의 시초라고 할 수 있다. 영-헬름홀츠설은 빛의 삼원색과 색의 삼원색이 다르지만 인간의 눈이 빛을 통해 모든 색을 지각할 수 있는 이유와 더불어 빛은 섞을수록 흰색에 가까워지고 색은 섞을수록 검은색이 되는 가산혼합과 감산혼합의 원리에 대해서도 설명해준다.

사실 색의 삼원색이 밝혀진 것은 영-헬름홀츠설이 등장하기 훨씬 이전의 일이다. 미술가들이 색에 대해 본격적인 관심과 분석적 자세를 가졌던 르네상스 시대의 레오나르도 다 빈치^{Leonardo da Vinci}는 세상에 존재하는 색이 빨강·노랑·파랑의 원색을 기본으로 하고 있으며, 이 원색을 조합하여 모든 색을 구현할 수 있다고 믿었다.

문제는 색의 조합으로 밝고 아름다운 빛을 표현하고자 한 화가들에게 일어났다. 과학자들이 거듭된 실험과 수식을 동원해 빛의 정체를 밝혀내려 애쓰는 동안 화가들은 아름다운 빛을 있는 그대로 캔버스에 옮기기 위해 노력했다. 하지만 감산혼합의 원리를 몰랐던 그들은 어떤 색이든 섞을수록 어둡고 탁해지는 이유를 알지 못했다.

화가들이 빛을 자연스럽게 표현할 수 있게 된 것은 15세기에 유화 물감이 등장한 이후였다. 유화 기법을 최초로 사용한 화가는 얀 반 에이크인데, 그는 유화 물감의 특성을 잘 이해해 사물의 질감을 현실감 있게 살려내고 정교하게 표현하는 데 탁월했다. 또 빛의 역할과 성질에 대한 뛰어난 직관을 표현하는 데도 유화 물감을 효과적으로 사용했다.

달걀노른자와 아교를 섞어서 만드는 템페라 기법이나, 석회 반죽 위에 그리는 프레스코화는 기본적으로 불투명했다. 표면층이 매끄럽지 않아 빛을 받았을 때 빛이 여러 방향으로 산란하면서 흩어지는 구조였다. 템페라 그림을 볼 때 다소 탁하고 건조한 느낌이 드는 이유이다. 기름을 주재료로 하는 유화는 기름에 섞인 안료가 굳을 때 표면층이 균일하고 매끄럽게 건조된다. 이 기름층은 빛을 받으면 반짝거리고 매끄러운 느낌을 준다. 유화 그림에서 깊이감 있는 색의 구현이 가능한 것은 바로 이 기름층과 빛의 상호작용 덕분이다.

유화 기법의 특징은 여러 겹 덧칠해 쌓아 올릴 수 있다는 점이다. 물감을 덧칠할 때마다 기름층이 만들어지고 각 층에 빛이 반사된다. 이렇게 여러 층에서 반복해 반사되는 빛 덕분에 풍부한 색감과 입체감을 줄 수 있다. 또 기름은 마르는 데 오래 걸리기 때문에 잘못 칠한 부분에 대한 수정이 쉽다. 유화 물감의 매력은 금방 소문이 나서 유럽 곳곳으로 퍼져나갔다. 유화 물감 덕분에 16~18세기에는 빛을 보이는 그대로 재현하고자 했던 화가들의 바람이 본격적으로 실현되며 수많은 걸작이 탄생했다.

어둠이 있어야 밝음이 더욱 빛난다

이탈리아의 미켈란젤로 메리시 다 카라바조^{Michelangelo Merisi da} ^{Caravaggio}와 네덜란드의 렘브란트는 모두 빛에 의한 효과를 극대화하기 위해 어둠을 적극적으로 수용해 강렬한 명암 대비 효과를 살려낸 화가들이다.

특히 카라바조의 〈나르키소스〉는 빛과 어둠의 극적인 대비가 얼마나 강렬하게 사람들을 끌어당기는지 잘 보여주는 작품이다. 그림은 그리스 신화에 나오는 자신의 모습에 반해 물속에 빠진 나르키소스 이야기를 담고 있다. 이 그림에서 신화에 나오는 주변의 풍경이나 다른 인물은 과감하게 생략되어 어둠 속으로 사라졌다. 오로지 이야기의 주인공 나르키소스와 거울과도 같은 물에 비친 그의 환영만이 마치 조명을 받은 듯 집중적으로 밝게 묘사

미켈란젤로 메리시 다 카라바조, 〈나르키소스〉, 1597~1599년

되어 있다. 나르키소스가 물속에 빠져 죽고 수선화가 되었다는 신화의 결말을 이미 알고 있어서일까. 그림을 보는 우리도 마치 물속으로 빨려 들어갈 것만 같아 아찔하다.

영국 화가 조지프 말러드 윌리엄 터너Joseph Mallord William Turner는 괴테의 색채론에 매료되어 색채학을 적극적으로 시각화하는 데 성공한 대표적인 화가이다. 터너는 괴테와 마찬가지로 색이 물체를 통해 반사되는 빛과 어둠의 상대적 분포에 의존한다고 믿었다. 터너의 〈빛과 색채〉에 그려진 큰 원은 마치 사람의 눈동자를 떠올리게 한다. 커다란 눈동자에는 창세기를 쓰고 있는 모세의 모습이 잔상처럼 희미하게 남아 있다. 그 주변은 태양을 연상케 하는 노란색을 기본으로 하면서 붉은색을 조합하여 괴테가 주장한 것처럼 희망적인 감정과 연결된 정서를 그대로 담아낸다. 동시에 푸른색과 검은색을 배치해 이른 아침의 차분하면서도 비장함이 느껴지는 정서를 가미했다.

미술계를 오랫동안 지배했던 전통적 관점에서 볼 때 형태에 비해 색채는 상대적으로 부수적인 요소였다. 그러나 터너는 빛과 색채의 관계 및 상호작용 자체가 그림에서 가장 중요한 요소라고 믿었고, 이는 후에 인상주의가 발전하는 데 큰 영향을 주었다.

유화 물감의 등장으로 비로소 화가들이 빛이 가진 성질을 자유롭게 표현할 수 있게 되었으나, 막상 유화 물감이 본격적으로 전

조지프 말러드 윌리엄 터너
〈빛과 색채: 노아의 대홍수 이후의 아침, 창세기를 쓰는 모세〉, 1843년

파된 것은 19세기에 이르러 금속 튜브가 개발되고부터였다. 이전에는 전문 판매상이 유화 물감을 가죽 주머니에 담아 팔았기 때문에 화가들은 거대한 물감 주머니와 기름통을 들고 다니는 불편을 감수해야 했다. 작고 가벼운 금속 튜브 덕분에 화가들은 유화 물감을 어디나 편리하게 가지고 다닐 수 있게 되었고, 야외에 나가 오랜 시간 직접 풍경을 보면서 그림을 그리기 시작했다.

자연의 아름다움을 동경하고 화폭에 담고 싶어 했던 화가들에게 야외에서 실시간 변화하는 풍경을 눈으로 보면서 그림을 그리는 작업은 굉장히 설레는 일이었을 것이다. 19세기에 몇몇 화가들은 파리 근교의 퐁텐블로 숲 외곽의 바르비종에 모여 함께 그림을 그렸다. 바르비종파로 불리게 된 이들이 빛에 의해 시시각각 변화하는 풍경을 관찰하면서 남긴 풍경화들은 인상주의의 모태가 되었다.

바르비종파 중에 우리에게 가장 친숙한 화가는 단연 장 프랑수아 밀레Jean-François Millet일 것이다. 그는 바르비종파의 다른 화가 테오도르 루소Théodore Rousseau가 의뢰받은 그림을 완성하지 못한 채 세상을 떠나자, 이를 이어받아 사계 중 하나로 〈봄〉을 그렸다. 무지개가 떠 있는 풍경은 비가 갠 뒤 수분을 한껏 머금은 자연의 생동감 있는 모습을 보여준다. 초록색으로 반짝이는 풀과 나무 위에서 갓 피어나는 흰 꽃은 봄의 생명력을 고스란히 전해준다. 환

장 프랑수아 밀레, 〈봄〉, 1868~1873년

하게 밝아지는 땅과는 대조적으로 하늘은 아직 채 가시지 않은 비구름으로 어둡다. 이 비구름은 나무에 깊은 그림자를 드리워 밝게 빛나는 꽃잎과 강한 대조를 이룬다. 어둠이 있어야 밝음이 더욱 빛나듯, 희망의 상징인 봄의 밝은 기운은 깊은 그림자로 인해 더욱 생동감 넘치게 드러나고 있다.

쇠라와 고흐가 열어준 새로운 미적 경험의 세계

화가들에게 커다란 영향을 미친 색채론 중 하나는 프랑스 화학자 미셸 외젠 슈브뢸Michel Eugène Chevreul의 색채조화론이다. 슈브뢸은 염직공장에서 오래된 태피스트리를 복원하는 작업을 하다가 태피스트리의 여러 가지 색의 씨실과 날실의 조합과 구성에 따라 멀리서 볼 때 전혀 다른 제3의 색으로 보일 수 있음을 알아차렸다. 슈브뢸은《색채의 대비와 조화의 법칙The Principles of Harmony & Contrast of Colors》이라는 책에서 어떤 색과 인접해 있느냐에 따라 특정 색이 원래의 색과 다르게 보일 수 있다고 설명했다. 이는 '병치 혼합'이라는 시각 현상인데, 멀리서 볼 때 회색처럼 보이는 양복을 가까이에서 보면 흰색과 검은색의 선으로 된 체크무늬를 확인할 수 있는 현상도 병치 혼합이다. 선명한 주홍색과 노란색 등의 작은 점들을 중첩시키고 병치시켜 몽환적인 분홍색의 노을을 표현한 신인상주의 화가 앙리 에드몽 크로스Henri-Edmond Cross의 〈분홍 구름〉을 보면 병치 혼합을 어렵지 않게 이해할 수 있을 것이다.

　신인상주의 화가들은 인상주의의 기조를 이어받으면서도 광학 실험의 효과를 체계적으로 그림에 반영하고자 했다. 대표적인 화가로는 조르주 피에르 쇠라Georges Pierre Seurat와 폴 시냐크Paul Signac를 들 수 있다. 쇠라는 슈브뢸을 만나 빛과 색채에 관한 이론을 배웠고, 이를 직접 그려 보이는 실험을 하기도 했다. 시냐크는 오랜 시간 스케치와 실험을 통해 그림을 독학으로 배웠는데, 20대 초반 쇠라를 만나면서 화가로서 커다란 전환점을 맞이했다. 쇠라와 시냐크는 함께 색채와 색 대비의 효과에 관한 연구를 했고 후에 점묘법으로 알려진 새로운 스타일의 그림 기법을 개발했다.

　점묘법은 캔버스에 여러 색상의 작은 점들을 촘촘하게 배열함으로써 물감 자체의 혼합이 아닌 망막에서의 혼합을 통해 색을 인식하도록 하려는 의도로 만들어진 기법이다. 점의 색들은 멀리서 보는 관찰자의 눈에서만 합쳐진다. 강렬한 노랑과 초록과 같은 색의 조합은 그림을 보다가 눈을 돌렸을 때 보색인 자주색과 보라색의 잔상을 남기는데, 이러한 색의 대비와 보색잔상 효과는 미술가와 미술 애호가들에게 새로운 미적 경험의 세계를 열어주었다.

　점묘법으로 그려진 그림을 가까이에서 보면 점 하나하나의 색

앙리 에드몽 크로스, 〈분홍 구름〉, 1896년

조르주 피에르 쇠라, 〈에펠탑〉, 1889년

이 구별되어 보인다. 각각의 점들을 구분할 수 없을 정도로 멀리 떨어져서 보면 착시효과에 의해 점의 경계면이 사라지고 병치 혼합 현상이 일어난다. 쇠라의 작품 중에는 가로 3미터에 달하는 대형 작품이 많은데, 이는 관람객이 충분한 거리에서 떨어져 그림을 감상하도록 의도한 것이다.

　1889년에 그린 〈에펠탑〉에는 다양한 색의 변주를 통해 달라지는 시각적 효과를 극대화하고자 했던 쇠라의 실험 결과가 잘 드러나 있다. 1889년은 에펠탑이 파리만국박람회에 처음 소개된 해이기도 하다. 에펠탑은 철골로 만들어진 구조물이기 때문에 수직 또는 수평적인 요소들을 가지고 있지만, 쇠라의 그림에서는 그러한 구성적 요소들마저 사라져버렸다. 그의 에펠탑은 불규칙적으로 배치된 둥근 점들로 매우 자유롭게 묘사되어 있다. 그야말로 알록달록한 색채가 주는 조화가 에펠탑을 더욱 반짝거리고 생동감 있게 보여준다.

시냐크의 〈다이닝룸〉 역시 대조적이고 보완적인 색의 조합을 통해 그림 속 상황의 감정적 분위기를 효과적으로 전달하고 있다. 무심하리만치 아무런 표정 없이 서 있거나 움직이지 않고 앉아 있는 사람들, 서로 감정의 교류가 없어 보이는 차가운 분위기는 권위주의와 자본주의에 대한 비판적 시각을 담은 것으로 해석되곤 한다. 주황색과 초록색의 대비는 사람의 피부와 입고 있는 옷, 커튼에서 주로 발견되는데 아침 햇살에 비쳐 온기를 품고 있다. 또 파란색과 노란색의 조합은 식기와 테이블 등 흰색을 기본으로 하는 사물에 아침이라는 시간성을 부여하는 역할을 하고 있다. 이렇게 점묘법으로 구사한 보색 대비는 햇빛에 의한 사물의 온도를 결정하고, 등장인물의 상황이나 표정보다 시간에 대한 심리적 해석이 감상을 주도하는 놀라운 효과를 불러온다.

점묘법은 빛에 따라 시시각각 변화하는 자연의 모습을 구체적인 형태보다는 빛과 그림자의 효과로 강렬하게 표현하고자 했던

폴 시냐크, 〈다이닝룸〉, 1886~1887년

인상주의와 맥을 같이 하지만, 한편으로는 철저하게 계산된 형태로 그림 구도를 잡고 비슷한 크기로 분할된 점을 사용한다는 점에서 큰 차이가 있었다. 이는 후에 쇠라와 시냐크가 신인상주의로 분류되는 지점이기도 하다.

점묘법은 태양의 화가 빈센트 반 고흐의 작품에도 커다란 영향을 미쳤다. 고흐는 유토피아를 꿈꾸었던 프랑스 아를에서의 짧은 시간을 정리하고 파리 근교로 돌아오면서 인상주의의 영향을 받은 작품들을 집중적으로 그려냈다. 연이은 우울한 사건들로 불안정한 심리 상태였지만, 한편으로는 이를 극복하려는 강한 의지를 지녔던 그의 붓질은 점묘법에 기반을 두면서도 훨씬 더 크고 불규칙한 점에 물감을 두텁게 바르는 임파스토impasto 기법을 더해 그 효과가 더욱 강화되었다. 불안감에 잠식되지 않으려는 필사적인 몸부림은 강렬한 색의 대비로도 곧잘 드러났다. 노란색과 파란색의 대비는 꿈틀거리는 듯한 붓질로 인해 더욱 생동감을 더하고, 태양의 강렬한 빛에 지배받는 주변 경관의 시간에 따른 변화 역시 더할 나위 없이 잘 표현하고 있다.

고흐는 밀레의 그림을 많이 따라 그린 것으로도 유명한데, 그중에서도 〈씨 뿌리는 사람〉에 특별한 경외심을 갖고 수십 번이나 따라 그렸다고 한다. 하지만 결코 밀레의 그림을 똑같이 따라 그리지는 않았다. 그는 작열하는 태양을 더해 오롯이 자신만의 그림을 완성했다.

고흐는 다른 빛의 화가들이 그랬던 것처럼 끊임없이 빛을 좇으며 끓어오르는 내면을 표현하고자 했다. 어쩌면 빛과 색채의 비밀을 풀어내려는 물리학자들의 연구와 노력이 없었다면 고흐가 즐겨 사용한 강렬한 색의 대비와 점묘법은 탄생하지 못했을지 모른다.

뉴턴에게 '본다는 것'이 하나의 자연현상이라면, 괴테에게는 인

빈센트 반 고흐, 〈씨 뿌리는 사람〉, 1888년

간의 심리적 작용이 더해진 인식 활동이었다. 고흐와 같은 미술가들은 그 영역을 더 확장해 우주와 인간 내면의 탐구를 더하고 재해석해 다시 우리 눈앞에 가져다주었다. 광학이 밝혀낸 시각 작용과 색채 원리에 화가들의 집요하리만큼 열정적인 탐구심이 더해져 탄생한 미술 작품들을 보면서 '본다는 것'의 의미는 분명 빛에서 출발하지만 빛이 닿지 못하는 인간 심연의 어떤 곳에서 완성되는 것이 아닐까 생각해본다.

2장

보이지 않는 것은 존재하지 않는가

"나는 진리라는 망망대해 앞에서
아름다운 조개껍데기 하나를 발견하고
기뻐하는 어린아이에 불과하다."

아이작 뉴턴

동서고금을 막론하고 빛은 언제나 신비로운 대상이었다. 빛은 우주의 시작이자 생명의 시작이었다. 거대한 자연의 이치와 섭리를 탐구하는 과학자들은 빛의 특성을 둘러싸고 수많은 논쟁을 벌였지만, 그 비밀을 푸는 것은 오랫동안 인류의 숙제로 남겨졌다.

17세기에 뉴턴이 유리 프리즘을 통해 빛에 일곱 가지 색이 있다는 것을 발견했을 때 사람들은 빛의 실체에 성큼 다가섰다고 믿으며 환호했다. 하지만 19세기에 이르러 우리는 '눈에 보이지 않는 빛'이 있고, 그 이전에 뉴턴이 말한 빛은 우주에 존재하는 무수한 빛들 가운데 일부분에 지나지 않는다는 것을 알게 되었다. 오늘날 빛에 대한 가장 간단한 정의 중 하나는 "빛은 전자기파이다"라는 것이다. 전기장과 자기장이 만나서 생기는 파동이 전자기파이고,

파장의 길이에 따라 여러 종류로 나뉜다. 뉴턴이 프리즘을 통해 보았던 태양광 역시 파동의 속성을 지닌 전자기파이며, 눈으로 볼 수 있다는 의미에서 가시광선이라고도 부른다.

우리는 하루를 빛으로 시작해 빛으로 마감하는 일상을 살아가고 있다. 일상을 유지하는 데 꼭 필요한 각종 전자기기와 가전제품은 물론이고 사회와 경제가 돌아가는 데 필수적인 여러 가지 장치와 설비들에도 적외선, 엑스선, 전파와 같은 빛들이 사용되고 있다. 적외선 덕분에 어두운 골목길 안전을 지켜주는 CCTV가 존재하고, 엑스선 덕분에 몸을 해부하지 않고도 질환과 상해를 진단할 수 있다. 또 물 분자를 움직여 열에너지를 만들어내기에 적합한 파장과 주파수를 가진 마이크로파가 있기에 전자레인지로 간편하게 음식을 데워 먹을 수 있다. 엑스선은 그림의 물감 성분을 분석해 위작을 가려내거나 손상된 그림을 복원할 때도 이용된다.

인간은 본능적으로 잘 모르는 것에 대해 두려움을 느낀다. 하물며 눈에 보이지 않고 손에 잡히지 않는 존재에 대해서는 더욱 큰 두려움을 느낄 수밖에 없다. 과학자들은 인간의 눈에 보이지 않지만 분명 존재하는 것들을 발견하고 그것을 우리가 이해하는 형태로 증명하기 위해 두려움 대신 호기심과 모험심을 앞세워 용기 내어 전진하는 사람들이다. 그러한 과학자들의 앞선 노력 덕분에 우리는 눈으로 볼 수 있는 가시광선 외에도 서로 다른 파장과 주파수를 지닌 여러 종류의 빛들이 존재한다는 사실을 알게 되었다.

과학자들이 지루하고 고통스러운 실험을 반복하며 미지의 존재에 대한 두려움을 이겨낸 이유는 새로운 현상과 원리를 발견하여 인식의 지평을 확대하고자 했기 때문이었다. 그런데 미술가들이 가졌던 목표 역시 이와 크게 다르지 않았다. 빛에 의해 시시각각 변화하는 자연의 모습을 포착하려는 시도가 오히려 자연의 본질을 놓칠 수 있다고 생각한 폴 세잔^{Paul Cézanne}과 같은 후기 인상주의 화가들은 공간의 재구성과 시점의 다변화 등을 통해 형상 너머의 눈에 보이지 않는 본질을 찾아내려는 끈질긴 탐색을 멈추지 않았다. 눈에 보이는 사과의 형상과 눈에 보이지 않는 사과에 대한 관념 사이에서 고뇌하며 절대불변의 자연법칙처럼 여겨졌던 원근법마저 의심하고 거부했다.

당대의 미술계 주류 시각에서는 당혹스러울 만큼 급진적이었던 에두아르 마네^{Édouard Manet}는 유작으로 알려진 〈폴리 베르제르의 술집〉에서 논리적 원근법과는 거리가 먼 비현실적인 구도를 선택해 눈에 보이는 실체와 눈에 보이지 않는 실체를 동시에 보여주었다. 무미건조한 표정으로 정면을 응시하고 있는 여자는 눈에 보이는 현재의 모습이다. 어떤 남자를 향해 몸을 기울이고 있는

에두아르 마네, 〈폴리 베르제르의 술집〉, 1881~1882년

듯한 뒷모습은 여자의 마음속이나 상상 속에 있는 모습이다. 마네는 눈에 보이는 것만큼이나 눈에 보이지 않는 것도 중요하다는 점을 역설하고 싶었던 것일까. 더 넓은 빛의 세계를 탐구하기 위해 떠나려는 지금, 새로운 시각과 관점으로 세계를 바라볼 용기가 필요하다는 마네의 외침이 들리는 듯하다.

볼 수 없지만 존재하는 빛을 발견하다

뉴턴이 연구한 빛은 인간의 눈으로 볼 수 있는 '가시광선'이었다. 지금 우리는 인간의 망막으로 보지 못하는 훨씬 더 많은 빛이 존재한다는 것을 알고 있다. 인류가 새로운 빛의 시대를 향해 첫발을 내딛도록 해준 것은 영국의 물리학자였던 제임스 클러크 맥스웰James Clerk Maxwell이다. 그는 전기장과 자기장의 관계를 수학적으로 풀이해 '전자기파electromagnetic wave'의 존재를 발견함으로써 뉴턴이 밝히지 못한 빛의 실체가 실로 어마어마하다는 깨달음을 인류에 안겨주었다.

맥스웰은 어떤 지점에 위치한 전기장이 상하 방향으로 진동하면서 시간적 변화에 따라 자기장을 만들고, 자기장이 전기장의 수직 방향으로 진동하면서 다시 전기장을 유도한다. 그러면 이 전기장에서 만들어진 에너지 변화가 모든 공간에 파동을 보낼 수 있는데, 이 파동이 바로 전자기파라고 설명했다. 쉽게 말해 전기장과 자기장이 서로를 유도하며 진행하는 파동이 전자기파이다. 그는 전자기파의 속도를 계산한 결과 빛의 속도와 거의 같다는 결론을 얻었다. 이는 이전까지 유일한 빛으로 알고 있던 가시광선도 전자기파의 일부라는 것을 의미한다.

이어서 독일의 물리학자였던 하인리히 루돌프 헤르츠Heinrich

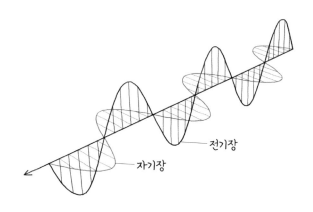

전기장

자기장

전기장과 자기장의 상호작용으로 진행되는 전자기파

Rudolf Hertz는 숱한 실험을 거듭한 결과 마침내 눈에 보이지 않는 전자기파가 태양광과 같은 속도로 빠르게 움직이고, 굴절과 반사가 되며, 일정하게 진동하는 파동의 형태로 존재한다는 맥스웰의 가설을 검증할 수 있었다. 그는 금속으로 만든 전자기파 발생 장치로부터 같은 진동수를 가지는 전자기파를 수신하는 실험에 성공했고, 이는 라디오를 발명하는 모태가 되었다. 진동수의 단위인 '헤르츠'가 바로 그의 이름을 딴 것이다. 또 헤르츠의 업적을 기반으로 이탈리아의 물리학자 굴리엘모 마르코니Guglielmo Marconi는 전선 없이 공중으로 정보를 송수신하는 무선전신을 발명했다. 무선전신은 스마트폰과 같은 무선휴대장치의 기초이다.

전자기파 스펙트럼에는 가시광선보다 파장이 짧은 자외선과 엑

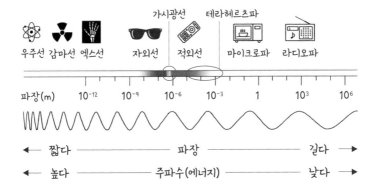

전자기파 스펙트럼에 있는 빛의 종류

스선을 비롯해 가시광선보다 파장이 긴 적외선과 전파가 존재한다. 테라헤르츠파, 마이크로파, 라디오파는 모두 전파에 해당한다. 이 모든 전자기파는 이미 우리 삶 속에 깊숙이 들어와 있다. 휴대전화, 전자레인지, 라디오, 리모콘, CCTV 등도 전자기파를 이용한 기술의 산물들이다. 전자기파의 스펙트럼에 있는 모든 빛은 파장의 길이와 주파수 높이가 다르며 그에 따라 생겨나는 광자에너지photon energy의 크기도 다르다. 주파수는 1초 동안 파가 진동하는 횟수이며, 파장은 파동이 반복되는 간격의 거리를 가리킨다. 파장이 길어지면 주파수는 낮아지고 파장이 짧아지면 주파수는 높아진다. 즉 파장과 주파수는 서로 역수 관계이다. 광자에너지는 파동이 짧은 간격으로 반복될수록 커진다.

과학자들의 탐구 정신 덕분에 빛의 영역은 크게 확장되었다. 이제 우리는 눈에 보이지 않더라도 하늘과 땅 사방 어디에나 빛이 존재한다는 것을 알고, 그 빛들이 제각기 어떤 역할을 하는지도 안다. 눈으로 볼 수 없는 빛을 활용하기 위해 많은 화학물질과 도구도 만들어냈다. 비록 인간의 망막으로는 볼 수 없지만, 엄연히 존재하는 그 빛들을 통해 우리는 예전보다 훨씬 더 깊숙하고 은밀한 세계까지 볼 수 있게 되었다.

꿀벌이 꽃잎의 무늬를 보는 이유

뉴턴은 햇빛을 프리즘으로 분광했을 때 일곱 가지 색이 나타났다고 했는데, 사실 빨간색의 바깥쪽에는 더 붉게 보이는 적외선이 있었고 보라색의 바깥쪽에도 더 짙은 색의 자외선이 있었다. 다만 눈에 보이지 않을 뿐이었다. 자외선의 존재를 발견한 것은 1801년 독일의 물리학자 요한 리터$^{Johann\ W.\ Ritter}$였다. 그는 염화은^{AgCl}이라는 화합물을 바른 감광지를 이용해 태양광 스펙트럼을 살펴보다가 보라색 바깥쪽에 감광이 잘되는 영역이 있다는 것을 발견했다. 이 영역의 빛은 보라색(자색)을 넘어선다는 뜻에서 자외선$^{ultraviolet\ ray}$으로 명명되었다.

자외선은 태양이 방출하는 다양한 광선 중 가시광선보다 파장의 길이가 짧은 빛이다. 자외선은 파장의 길이에 따라 UV-A, UV-B, UV-C의 세 종류로 나뉘는데, 그중에서 UV-B, UV-C는 대부분 오존층에서 흡수되어 사라지고 UV-A만 지면에 내려온다. 이 자외선은 가시광선에 비해 높은 광자에너지를 가지고 있으며 강한 화학작용을 일으키는 성질 때문에 피부나 각막 등에 닿으면 치명적인 손상을 일으킬 수 있다. 오랫동안 야외에 있으면 피부가 그을리는 이유는 자외선이 피부 깊숙이 들어오는 것을 막기 위해 우리 몸의 면역체계에서 검은색 멜라닌 색소를 형성하기 때문이다. 자외선이 해롭기만 한 것은 아니다. 병균을 소독하는 데 쓰이기도 하고, 범죄 현장에서 사람의 눈에 잘 보이지 않는 머리카락이나 지문을 찾아낼 때도 자외선을 이용한다.

인간이 가시광선 이외의 다른 빛을 볼 수 없는 이유는 무엇일까. 망막에 그 빛의 파장에 반응할 수 있는 빛수용체 세포가 없기 때문이다. 인간의 망막은 빨강·초록·파랑 세 가지 빛의 파장에만 반응할 수 있다. 그래서 파란색보다 파장이 짧은 자외선이나 빨간색보다 파장이 긴 적외선은 보이지 않는 것이다.

인간이 아닌 다른 생명체는 어떨까? 갯가재의 경우 무려 열두 개의 빛수용체 세포를 가지고 있다. 인간보다 더 다양한 파장의 빛에 반응하고 낮은 파장의 보라색과 자외선도 감지할 수 있다. 꿀벌

사람의 눈에 보이는 미뮬러스와 꿀벌의 눈에 보이는 미뮬러스

은 인간과 마찬가지로 세 가지 빛수용체 세포를 갖고 있지만 반응하는 빛의 파장 영역은 조금 다르다. 꿀벌은 파장이 긴 빨간색 빛에 둔감한 대신 자외선을 감지할 수 있다.

그렇다면 꿀벌은 빨간색 꽃에서는 꿀을 얻지 못하는 걸까? 그렇지 않다. 꿀벌은 인간과는 전혀 다른 방식으로 꽃을 인지한다. 가시광선만 볼 수 있는 우리는 꽃의 화려한 색과 모양만 식별할 수 있지만, 꿀벌은 일종의 '꽃가루 가이드'와 '꿀 가이드'라고 하는 자외선으로만 볼 수 있는 특정한 무늬를 통해 꽃잎을 식별한다. 자외선으로 촬영한 오른쪽의 회색 미뮬러스를 보면 꽃잎의 중앙에 확실하게 구분이 되는 무늬가 있는데, 이는 꿀벌이 꿀을 쉽게 찾도록 유인하기 위해 꽃잎이 감추고 있는 일종의 활주로인 셈이다.

인간이 다른 생명체들보다 더 '잘 본다'고 할 수는 없지만, 다행히 그 자리에 머물러 있지만은 않았다. 인간의 망막에는 자외선을 감지할 수 있는 빛수용체 세포가 없지만, 대신 과학자들이 자외선에 반응하는 특수 물질을 찾아낸 덕분에 우리는 자외선 차단제로 피부를 햇빛으로부터 보호하기도 하고 자외선 조명으로 사진을 촬영하기도 한다. 눈으로 볼 수는 없지만 자외선을 이용하고 있는 것이다.

적외선으로 되살린 페르메이르의 밑그림

적외선은 자외선과 더불어 전자기파 스펙트럼에서 가시광선과 가장 인접해 있으며 발견된 시기도 비슷하다. 1800년에 천문학자 윌리엄 허셜William Herschel은 태양광 스펙트럼을 분리해 각 색의 온도를 측정했다. 그는 빨간색의 바깥쪽에서 온도계의 수은주가 올라가는 것을 우연히 목격하면서 눈에는 보이지 않지만 열을 내는 빛이 있다는 사실을 깨달았다. 이 영역의 빛을 빨간색 바깥쪽의 색이라는 뜻으로 적외선infrared ray이라고 불렀다.

온도를 갖는 모든 물체와 생명체는 적외선을 방출한다. 최근 코로나19 방역으로 어디에서나 흔히 볼 수 있는 적외선 열화상 카메라는 우리의 눈으로 볼 수 없는 적외선의 양을 감지해 온도를 측정하고 이를 디지털 정보와 이미지로 전환해 보여준다. 캄캄한 밤에도 적외선 열화상 카메라가 있으면 고양이와 같은 체온을 가진 동물을 감지하고 촬영할 수 있다. 적외선에 매우 민감하게 반응하는 화합물인 실리콘^{Si}이나 게르마늄^{Ge}, 인듐갈륨비소^{InGaAs}, 갈륨비소^{GaAs}가 적외선 열화상 카메라에 많이 이용된다.

인간의 몸도 적외선을 방출하기 때문에 병원에서는 적외선 체열 검사라는 것을 한다. 적외선으로 전신을 촬영하면 부위별로 체온이 표시되는데, 체온이 높은 곳을 붉은색으로 나타내 온도의 공간적 분포를 직관적으로 알 수 있게 해준다.

적외선은 가시광선보다 파장이 길어서 공기 중의 작은 입자들로부터 방해를 덜 받는다. 즉 공기를 비교적 잘 투과하기 때문에 자동경보기나 리모컨 등에 활용된다. 또 적외선은 물질에도 어느 정도 침투할 수 있다. 엑스선처럼 투과력이 높거나 테라헤르츠파만큼 깊이 들어갈 수는 없지만 얇은 몇 겹의 유채 물감 정도는 침투할 수 있다. 덕분에 적외선 촬영을 통해 수백 년 전에 그려진 유화의 밑그림을 들여다보고 분석하는 것이 가능하다.

네덜란드의 화가 요하네스 페르메이르의 〈음악 수업〉을 보자. 한 여인은 피아노의 전신으로 알려진 버지널^{virginal}이라는 악기를 연주하고, 스승으로 보이는 남자는 여인을 향해 서서 노래를 부

요하네스 페르메이르, 〈음악 수업〉, 1662~1665년

르는 듯 입을 살짝 벌리고 있다. 여인은 등을 돌리고 앉아 있지만, 벽에 걸린 거울에 남자 쪽을 힐끔거리는 모습이 담겨 있다. 허리를 세우고 거리감을 유지하고 있는 두 사람 사이에서 미묘한 긴장감이 느껴진다.

그런데 적외선 촬영을 통해 본 밑그림에서는 몸을 약간 앞으로 기울이고 있는 남자의 흔적이 포착되었다. 페르메이르는 왜 덧칠을 하면서 남자의 몸을 뒤로 빼서 두 사람의 거리를 벌려놓은 것일까. 노골적인 상황 묘사보다는 기하학적 형태가 주는 안정된 구도 속에 빛의 흐름만을 더해 이야기를 더 풍성하게 만드는 것을 선호했던 페르메이르에게 어쩌면 그것은 매우 자연스러운 선택이었을지도 모른다.

푸른색 비단 드레스를 입은 여인을 그린 〈버지널 앞의 숙녀〉라는 그림에서도 페르메이르가 마음을 바꾸고 그림을 덧칠한 흔적을 발견할 수 있다. 페르메이르의 다른 작품과 달리 이 그림에서는 왼쪽 벽의 창문이 닫힌 채 파란 커튼이 내려와 있다. 창으로 들어오는 빛이 매우 약해서 전반적으로 어두운 분위기로 표현되었다. 창의 왼쪽 회색 벽은 텅 비었는데, 적외선으로 촬영한 밑그림을 보면 이 자리에 거울이나 액자와 같은 네모난 프레임을 가진 물체가 있었던 것을 확인할 수 있다. 곳곳에 채 완성되지 않은 듯한 흔적들이 남아 있어 모든 진실을 알기는 어렵지만, 그림을 그

요하네스 페르메이르, 〈버지널 앞의 숙녀〉, 1670년

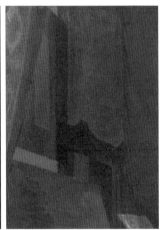

적외선으로 촬영한 〈음악 수업〉의 확대된 부분(왼쪽)
〈버지널 앞의 숙녀〉의 확대된 부분(오른쪽)

리던 도중에 이 벽에서 디테일을 덜어내고 비워두기로 마음을 고쳐먹었다는 점은 확실히 알 수 있다.

　오래된 그림의 과거를 들여다보는 일은 여러 면에서 새로운 감상을 불러일으킨다. 그림을 그리고 지우기를 반복하는 화가의 모습이 영화의 한 장면처럼 눈앞에 흘러가는 듯하다.

엑스선, 빛의 혁명이 시작되다

19세기에 이르러 자외선과 적외선을 발견하면서 빛의 영역이 확대되었고, 20세기 초에는 엑스선이 추가로 발견되면서 빛의 스펙트럼이 한층 더 넓어졌다. 엑스선 발견은 방사선학, 핵물리학, 양자역학 등 현대 물리학의 발전에도 막대한 영향을 미쳤다. 과학사학자 토머스 쿤Thomas S. Kuhn은 《과학혁명의 구조》라는 책에서 엑스선의 발견이 과학계에 중요한 패러다임 변화를 가져왔다고 평가하면서 알베르트 아인슈타인Albert Einstein의 상대성이론에 견주기도 했다.

엑스선을 처음 발견한 사람은 1901년에 첫 번째 노벨물리학상을 받은 빌헬름 콘라트 뢴트겐Wilhelm Konrad Röntgen이다. 뢴트겐은 크룩스관crookes tube으로 불리는 고에너지 음극선관으로 음극선의 성질에 관한 연구를 하던 중이었다. 그는 유리 진공관인 음극선관에 높은 전압을 걸었다가 저만치 떨어진 곳에 있는 감광판에서 밝은 형광이 보이는 것을 발견했다. 음극선관에서 나온 빛이 감광판에 닿아 형광 물질에 반응하는 것이었다. 음극선관과 감광판 사이에 종이, 헝겊, 납 등 여러 가지 물체를 넣어보았더니 어떤 물체를 넣는지에 따라 형광의 밝기가 달라졌다. 음극선관에서 나오는 빛은 종이는 통과하는데 납은 통과하지 못했다. 그러다가 뢴트겐은 음극선관과 감광판 사이에 자신의 손을 넣어보았다. 음극선관에서 나온 빛이 피부를 통과하고 뼈는 통과하지 못한 결과 손 골격 구조가 그대로 감광판에 드러났다.

뢴트겐은 1895년에 이 실험 결과를 발표하면서 미지의 빛이라는 뜻에서 엑스선$^{X-ray}$이라는 이름을 붙였다. 그가 반지를 낀 아내의 손을 엑스선으로 촬영한 이미지는 인류 최초의 엑스선 사진으로 알려져 있다.

가시광선보다 훨씬 파장이 짧고 투과력이 높은 엑스선은 인류가 더 깊고 넓은 세상을 볼 수 있도록 해주었다. 특히 엑스선 촬영 장치를 통해 인체를 해부하지 않고도 내부를 들여다볼 수 있도록 해줌으로써 의학 기술이 진일보하는 데 커다란 도움이 되었다. 또 엑스선은 원자들의 배열 상태를 통해 물질의 구조와 성질을 알아내기 위한 연구에도 필수적인 도구이다. 어떤 물질에 엑스선을 쏘면 촘촘하게 배열된 원자들로 인해 빛이 회절되는데, 이 패턴을 분석하면 물질의 분자 구조를 알아낼 수 있다.

이 원리는 현대에 와서 미술 작품의 안료를 분석하는 데에도 활용되고 있다. 엑스선을 이용해 그림에 사용된 물감의 성분을 분석하는 작업은 작품의 제작연도나 위작 여부를 가리는 데 도움이 되기도 한다. 유명한 위조화가였던 한 반 메헤렌$^{Han\ van\ Meegeren}$은 페르메이르의 그림을 주로 위조했는데, 그림의 안료를 분석한

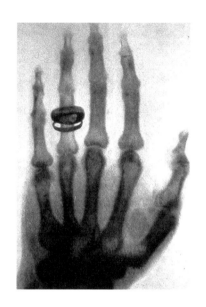

뢴트겐이 찍은 인류 최초의 엑스선 사진

결과 페르메이르가 활동했던 17세기에는 개발되지 않았던 물감을 사용한 것이 밝혀져 결국 위작임이 드러났다. 손상된 그림을 복원할 때도 같은 성분의 물감을 사용하기 위해 엑스선 분석법을 이용한다. 미술품 복원은 미술품에 얽힌 수많은 미스터리를 풀어내는 일인데, 여기에 엑스선이 결정적인 역할을 하고 있다.

엑스선은 적외선보다 투과력이 매우 좋아 그림의 더 깊은 속까지 들여다볼 수 있게 해준다. 여러 겹으로 층층이 쌓인 연필 스케치를 보여주는가 하면, 뒤에 숨어 있는 완전히 다른 그림을 보여주기도 한다. 파블로 피카소Pablo Picasso가 한창 방황하던 젊은 시절

파블로 피카소, 〈파란 방〉, 1901년

에 그린 〈파란 방〉을 들여다보자. 파리의 가난한 예술가였던 피카소는 당시 비극적인 친구의 죽음으로 인해 받은 충격을 파란색으로 뒤덮인 그림으로 표현하곤 했다. 전문가들은 이 그림에 어색한 붓 자국이 있다는 주장을 오랫동안 해왔다. 1997년 마침내 전문가들이 모여 이 그림에 엑스선을 비추었을 때 놀라운 사실을 발견했다. 그림 아래 전혀 다른 그림이 감춰져 있던 것이다. 몇 년 후인 2008년에 적외선 촬영을 추가하여 나비넥타이를 맨 수염이 있

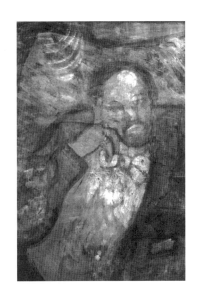

〈파란 방〉 아래에 그려져 있던 남자의 초상

는 남자의 초상화가 공개되었다. 남자는 오른손으로 턱을 괸 채 약간 비스듬히 앉아 있다. 젊은 시절 가난했던 피카소가 캔버스를 재사용했음을 짐작게 하는 부분이다.

엑스선과 적외선은 모두 눈에 보이지 않는 빛이다. 그 눈에 보이지 않는 빛이 감춰져 있던 미지의 영역들을 속속들이 비추며 그동안 알지 못했던 비밀들을 드러내 보여준다. 그 배경에는 숱한 과학자들의 호기심과 상상력이 자리를 잡고 있다. 실수와 우연까지도 그냥 지나치지 않고 살펴보았던 그들의 관심과 노력이 빛의 세계를 확장하고 인류의 삶을 더 환한 곳으로 이끌었다.

빛의 성질을 모두 이용한 세기의 발명품

전자레인지는 우리의 일상생활에 가장 깊숙이 들어와 있는 가전제품 중 하나이다. 전자레인지는 마이크로파microwave를 이용해 음식을 가열한다. 마이크로파가 물과 음식물을 가열할 수 있다는 것을 발견한 사람은 미국의 레이더장비 회사에 다니던 엔지니어 퍼시 스펜서Percy Spencer이다. 회사에서 고출력 마이크로파를 이용한 실험을 하던 중에 우연히 주머니의 초콜릿이 녹은 것을 발견한 스펜서는 혹시나 하는 마음에 옥수수를 가져와 실험해보았다. 옥수수에 열이 가해져 팝콘이 만들어지는 것을 본 스펜서는 마이크로파로 음식을 가열할 수 있다는 것을 확신하게 되었다. 그렇게 우연한 발견에 그치지 않고 스펜서는 사람들이 주방에서 간단한 음식을 조리할 때 사용할 수 있는 커다란 금속상자를 만들었는데, 그것이 전자레인지의 전신이 되었다.

재미있게도 전자레인지에는 투과, 반사, 흡수, 회절 등과 같은 빛의 성질을 알 수 있는 모든 원리가 집약되어 있다. 빛의 파장에 따라 물질에 대한 반응 특성이 모두 다른데, 마이크로파는 금속과 만나면 반사되고 유리나 플라스틱은 투과한다. 전자레인지 내부 벽면은 금속 재질로 되어 있어 마이크로파가 계속 반사되어 내부에서 돌아다니게 만든다. 전자레인지에 금속 재질의 그릇을 사용하면 음식에 마이크로파가 전달되지 못해 가열이 안 될 뿐만 아니라 그릇 표면에서 반사되는 마이크로파가 스파크를 발생시키기도 한다.

전자레인지 문은 1~2밀리미터 크기의 작은 구멍이 뚫린 금속 망과 유리로 이루어져 있다. 전자레인지에서 사용하는 마이크로 파의 파장은 약 12센티미터여서 금속망의 구멍으로 새어 나오지 못한다. 하지만 사람이 볼 수 있는 가시광선의 파장은 훨씬 짧은 400~700나노미터이므로 이 구멍을 통해 내부를 들여다볼 수 있다.

마이크로파가 물과 액체 성분이 포함된 음식물을 가열할 수 있는 원리는 물 분자와 관련이 있다. 물 분자는 전기적으로 쌍극자 형태를 띠는데, 이는 한쪽에는 양전하가 있고 다른 쪽 끝에는 음전하가 있는 상태를 말한다. 이 쌍극자 형태의 분자들은 마이크로파의 주파수에 맞춰 정렬하기 위해 회전하면서 서로 부딪히게 된다. 분자들이 회전하면서 부딪힐 때 운동에너지가 열에너지로 전환된다.

퍼시 스펜서는 1947년에 '레이더레인지'라는 이름으로 전자레인지를 시장에 처음 선보였지만 그다지 좋은 반응을 얻지는 못했다. 크기가 너무 큰 데다 가격도 비쌌기 때문이다. 1933년에는 시카고 세계박람회에서 라디오 송신기를 설치한 커다란 기계로 샌

마이크로파 기계가 실린 1933년 잡지 표지

드위치를 가열하는 장면을 시연하기도 했다. 당시 한 잡지의 표지에 실린 그림을 보면 초창기 전자레인지가 우스꽝스러울 정도로 큰 기계였다는 것을 알 수 있다. 고작 샌드위치를 데워먹기 위해서 그렇게 크고 비싼 장치를 구입하려는 사람이 있었을까 싶다. 1960년대에 크기를 대폭 줄인 전자레인지가 시장에 나오면서 비로소 대중화가 이루어졌다.

과학자들이 빛을 탐구해온 발자취를 따라가다 보면 생각보다 우연한 발견이 많다는 것을 알게 된다. 스펜서가 전자레인지를 발명한 것도 그렇고 뢴트겐에게 첫 번째 노벨물리학상을 안겨준 엑스선도 우연한 발견의 소산이니 말이다. 그런데 한편으론 단순히 우연이 아닐지도 모른단 생각도 든다. 그들이 우연한 발견을 할 수 있었던 것은 우주에는 우리가 보지 못하고 알지 못하는 무수한 미지의 존재가 있고, 그 존재들이 누군가의 발견을 간절하게 기다리고 있다는 점을 그들이 열렬하게 믿기 때문이 아닐까 싶어지는 것이다. 전자레인지에 수프를 데우며 보이지 않는 것들의 존재에 대한 과학자들의 열렬한 믿음에 고마운 마음을 가져본다.

테라헤르츠파가 보여주는 그림의 생애

미술관 혹은 박물관에서 고서나 옛 자료를 확인해 내용을 기록하는 일은 매우 중요한 일이다. 하지만 아무리 관리를 잘해도 종이는 변질이 되게 마련이어서 오래된 고서일수록 쉽게 파손되거나 유실될 우려가 크다. 복사를 하기 위해 책을 활짝 폈다가 간신히 버티고 있던 제본실들이 우두둑 뜯겨 나가 낭패를 보기도 한다. 책을 펼치지 않고도 글자를 읽을 수 있다면 어떨까? 혹은

밀봉된 편지 봉투를 뜯지 않고도 그 안에 마약이 있다는 것을 아는 방법이 있다면?

테라헤르츠파^{terahertz wave}는 다른 전자기파와 마찬가지로 물질에 따라 다르게 반응한다. 종이, 플라스틱, 헝겊, 고무, 나무를 대부분 투과하고, 금속에서는 반사되며, 물과 같은 액체에 의해 잘 흡수된다. 연필로 글을 쓴 책을 테라헤르츠파를 이용해 투시하면 어떻게 될까. 연필심의 주 연료인 흑연은 금속 성분이어서 테라헤르츠파가 닿으면 대부분 반사된다. 이 반사도를 측정해서 어떤 글자가 쓰여 있는지 판독할 수 있다. 잉크로 글을 쓴 책은 어떨까. 마찬가지로 종이는 침투하고 잉크의 화학 성분에 흡수되어 반응하기 때문에 글자가 드러난다. 이처럼 테라헤르츠파를 이용하면 책을 펼치지 않고도 읽을 수 있을 뿐만 아니라 종이 상자를 열지 않고도 안에 어떤 물질이 들었는지 알 수 있다.

전자기파 스펙트럼에서 적외선과 마이크로파 사이에 위치하는 테라헤르츠파는 파장이 길어서 물질 내부의 깊숙한 곳까지 침투하는 한편 엑스선과 달리 에너지가 높지 않아서 인체에 직접 노출되어도 위험하지 않다. 또 반도체, 고분자, 바이오 물질 등에서 흡수되거나 투과하는 등 매우 독특한 광학 성질을 지닌 덕분에 다양한 생화학 분자 검출을 위한 광센서 개발에도 활용되고 있다.

특히 테라헤르츠파는 비파괴 검사에 매우 유리한 전자기파이

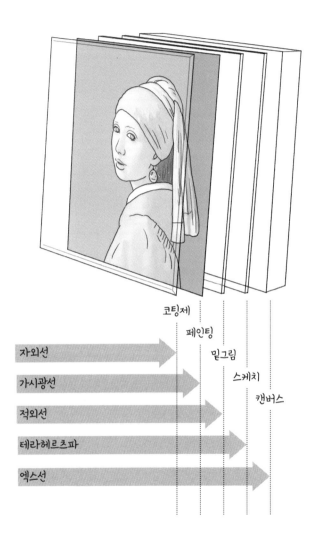

빛의 파장에 따라 달라지는 투과 깊이

다. 비파괴 검사는 말 그대로 검사 대상을 훼손하거나 파괴하지 않고 외부에서 분석하는 방법이다. 에너지가 매우 낮아서 물질을 이온화시킬 위험이 없는 테라헤르츠파는 중요한 문화재나 명화의 비파괴 검사에 매우 유용하다. 테라헤르츠파는 적외선보다 그림에 더 깊이 침투할 수 있다. 적외선이 덧칠하기 이전에 물감으로 그린 밑그림까지 보여준다면, 테라헤르츠파는 좀 더 들어가 캔버스 바로 위의 연필로 그린 스케치까지도 보여준다.

미국 조지아공과대학에서는 테라헤르츠파를 이용한 반사측정법을 통해 이탈리아 화가 조반니 바티스타 살비 다 사소페라토 Giovanni Battista Salvi da Sassoferrato가 그린 〈기도하는 성모마리아〉를 분석해 그림의 각 단계에서 사용한 재료 성분을 분석하는 실험을 진행했다. 반사측정법은 물질마다 각기 다른 반사율을 갖는 특성을 이용해 테라헤르츠파를 입사했을 때 그림의 각 층에서 반사되어 돌아오는 양을 시간의 함수로 측정하는 것이다. 이 데이터에는 화가가 물감을 여러 번 덧칠하면서 만들어진 단층별 다른 성분의 재료에 대한 정보들이 담긴다. 그림 표면에 바른 코팅제(바니시), 그림의 가장 바깥쪽에 칠한 물감층, 그 안쪽으로 여러 번 덧칠된 물감층, 스케치, 캔버스를 차례로 스캔한 후 얻은 3차원적인 정보를 통해서 균열과 같은 그림의 손상 정도를 파악할 수 있다.

한 점의 그림이 완성되는 전체 과정을 한번 떠올려보자. 그림은

조반니 바티스타 살비 다 사소페라토
〈기도하는 성모마리아〉, 17세기 중반

캔버스에서부터 스케치와 밑그림, 채색과 덧칠, 최종적으로 그림
의 표면을 보호하기 위한 코팅제까지 여러 겹의 층을 가지고 있
다. 이 여러 겹의 층은 한 점의 그림이 살아온 적나라한 생애를 보
여준다. 신비로우면서 은밀한 탄생의 순간부터 고뇌와 망설임과
환희가 뒤섞인 격정의 시간을 지나 무수한 빛을 품은 채 또 다른
빛 속으로 나온다. 이 모든 생애의 장면들을 엿볼 수 있게 해주는
것이 바로 테라헤르츠파이다. 보이지 않는 빛이 보이지 않는 세계
를 밖으로 꺼내 우리에게 보여주는 것이다.

　과학에서의 값진 발견과 이해는 우리 세계의 경계를 무너뜨리고 계속해서 확장해가도록 부추긴다. 이 부추김은 과학과 가장 멀리 있는 것으로 여겨졌던 예술의 영역도 예외는 아니다.

세잔이 사과를 그리면서 탐구한 것

과학자들이 미지의 자연에 대한 호기심과 믿음을 바탕으로 빛의 본질을 이해하고자 노력했던 것과 마찬가지로 미술가들 역시 눈에 보이는 현상 너머에 관심을 두고 사물의 본질을 그려내기 위한 여러 시도를 했다. 특히 폴 세잔은 빛에 의해 시시각각 바뀌는 자연의 모습에서 받은 인상을 캔버스 위에 재현하고자 했던 인상주의에 의문을 품고 전혀 다른 방식으로 사물의 본질을 드러내기 위해 노력했다. 그는 사물의 실재감과 공간의 재구성을 통해 본질을 꿰뚫는 것에 집요하게 파고들었다.

과학사에서 가장 중요하게 회자되는 '사과'가 뉴턴의 사과라면, 미술사에서는 세잔의 '사과'를 빼놓을 수 없다. 그가 그린 〈사과와 오렌지〉를 보면 과일들이 앞으로 쏟아질 것 같은 불안한 느낌이 드는데, 그 이유는 하나로 통일되지 않은 시점에서 오는 불안정한 구도 때문이다. 그림에서 왼쪽에 놓인 과일 접시는 위에서 아래로 내려다보는 시점에서 그렸고, 뒤에 놓인 오목한 과일 그릇은 측면

폴 세잔, 〈사과와 오렌지〉, 1895~1900년

에서 보는 시점에서 그렸다. 또 오른쪽에 놓인 화려한 무늬의 물병도 미묘하게 다른 시점에서 그렸다. 이 모든 사물이 놓인 테이블의 원근감과 각도도 비현실적이다.

놀랍게도 이러한 불균형은 세잔이 정확히 의도한 것이다. 세잔은 이렇게 각 대상을 서로 다른 시점에서 그리는 다시점多視點을 추구함으로써 전통적 관념을 파괴하려 했다. 세잔에게 그린다는 행위는 단순히 겉으로 보이는 형태를 그대로 묘사하는 게 아니라 사물의 본질과 여러 사물 간의 관계성을 드러내는 것이었다. 세잔은 정물화를 많이 남겼는데, 대부분 그림에 다시점에 의한 구도 비틀기가 반영되어 있다. 몇 점 되지 않는 인물화도 예외는 아니다.

'사과' 연작을 통해 기존의 구도와 원근법에 대한 새로운 접근법을 제시했다면 〈카드놀이 하는 사람들〉에서는 빛의 효과에 의한 색채마저도 관찰하는 순간의 시간성에 의존해서는 안 된다는 생각을 보여주었다. 그림을 보면 빛은 전체적으로 왼쪽 위에서 오른쪽 아래로 비치고 있다. 두 사람의 얼굴 및 옷차림에서 그림자가 지는 방향을 전체적으로 고려하면 그렇다. 그런데 파이프 담배를 물고 있는 왼쪽 남자를 자세히 살펴보면 놀라운 반전이 드러난다. 그의 얼굴과 모자에는 반대 방향에서 빛을 받아 그림자가 진 것으로 표현되어 있다. 어떤 순간의 고정된 장면을 보여주는 사진처럼 그려진 그림들에 익숙했던 사람들에게는 어색하고 이상할 수밖에 없는 그림이다.

그렇다면 세잔이 시간의 흐름과 빛의 방향에 따라 그림자 위치가 달라진다는 것을 몰랐을까? 그랬을 리 없다. 그는 우리가 사물을 볼 때 한 방향에서만 보지 않고 여러 각도에서 본다는 것을 알려주기 위해 다시점을 추구한 것처럼, 멈춰져 있는 빛이 아니라 시간의 흐름에 따라 변화하는 빛의 흐름을 본다는 것을 일깨워주기 위해 여러 시간대의 빛과 그림자를 동시에 그림에 담은 것이다. 이는 인상주의가 기존의 원근법과 구도를 부정하고 빛의 효과에 몰두했던 것에 더해, 빛이 만들어낸 명암과 시간의 절대성마저 비틀어버린 파격적인 시도였다.

세잔은 인상주의 화가들이 햇빛에 의해 시시각각 변화하는 찰나의 모습에 집중하느라 오히려 자연이 가진 본래의 아름다움과 가치를 놓칠 수 있다는 점을 지적했다. 그는 변화하는 겉모습이 아닌 변하지 않는 자연의 본질을 붙잡아야 한다고 주장했다. 그의 이러한 철학은 여러 개의 시점에서 포착한 사물의 형태와 시간의 변화에 따른 다양한 빛의 효과에 의해 한 폭의 캔버스에 조화롭게 펼쳐졌다.

전자기파의 발견을 통해 과학자들이 증명한 것은 눈에 보이는 세계보다 보이지 않는 세계에 더 많은 빛이 존재한다는 점이었다. 이로써 사람들은 자연에는 눈에 보이지 않지만 분명 존재하는 실

폴 세잔, 〈카드놀이 하는 사람들〉, 1890~1895년

체가 있으며, 그 실체를 통해 오히려 자연의 진실에 더 깊숙이 다가설 수 있다는 믿음을 가지게 되었다. 세잔이 그러한 믿음으로부터 영향을 받았을지는 확실하게 알 수 없지만, 다만 한눈에 다 보이지는 않지만 실재적 본질에 가장 가까운 형태와 색채의 사과를 그리고자 했던 것을 보면 세잔 역시 더 중요한 진실은 보이지 않는 세계에 있다고 믿었던 듯하다.

〈게르니카〉에서 꿰뚫어본 삶의 본질

세잔이 보여준 공간의 재구성과 시점의 다변화, 그리고 관찰 시간의 중첩성은 파블로 피카소와 조르주 브라크$^{Georges\ Braque}$와 같은 입체주의 화가들에 의해 본격적으로 펼쳐진다. 그들은 자신이 여러 시점과 각도에서 보고 경험한 대상을 더욱 생동감 있게 전달하는 방법으로 대상의 형태를 단순화하고 재구성하는 방식을 택했다. 그런 방식은 대상이 가진 본질을 더욱 두드러져 보이게 했다.

피카소는 전쟁과 대량학살을 증오하는 그림을 많이 남겼는데, 그중에서도 스페인 내전의 참상을 그린 〈게르니카〉는 손에 꼽히는 걸작이다. 이 그림은 나치군이 스페인 게르니카 지역 일대를 비행기로 폭격해 수많은 사람이 죽거나 다쳤던 사건을 벽화 형태로 그린 것이다. 인간이 저지를 수 있는 가장 끔찍한 행위인 전쟁 앞에서 느낄 수밖에 없는 무력감과 비통함, 고통과 슬픔을 이토록 절절하게 표현할 수 있는 화가가 또 있을까.

피카소의 〈게르니카〉는 전쟁의 참상을 결코 사실적으로 묘사하지 않으면서도 비극적 정서를 최대치로 끌어올리는 데 성공하고 있다. 황소와 말, 전구, 신체 일부와 같은 기괴한 형태들은 폭파된 집들이나 비행기 파편들보다 훨씬 더 극적으로 전쟁의 참혹함과 죽음의 공포를 떠올리게 한다. 여기에 절제된 흑백으로 채색된 세계는 붉은 피로 흥건한 현장을 직접 보는 것보다 훨씬 더 큰 충격과 울림을 준다. 실제 크기가 가로 7.77미터, 세로 3.49미터에 달하는 이 거대한 그림 앞에 서면 그림이 불러일으키는 극적인 감정에 압도당하게 된다.

절단된 신체 일부와 고통에 울부짖는 얼굴은 기본적으로 다시점의 기하학적 구도를 취하면서도 초현실주의가 가미되어 더욱 낯설고 신선하게 다가온다. 아이러니한 점은 형태와 색채를 해체하고 초현실주의까지 더해진 피카소의 그림이 인간 내면의 심연에 자리한 삶의 본질을 여실하게 드러내 보여준다는 것이다.

"만약 세계에서 평화가 승리하게 된다면 내가 그린 전쟁은 과거의 이야기가 될 것이다. 유일한 피는 뛰어난 그림, 아름다운 회화 앞에서만 존재하게 될 것이다. 사람들이 그 그림에 아주 가까이

파블로 피카소, 〈게르니카〉, 1937년

다가가 그것을 긁으면 한 방울의 피가 생겨나 그 작품이 진정으로 살아있음을 보여줄 것이다."

피카소가 남긴 이 말에서 우리는 오로지 구도와 형태 및 시점의 변주만으로 충분히 메시지를 전달할 수 있다는 그의 확고한 믿음을 엿볼 수 있다. 그는 보이지 않는 세계에서 삶의 본질을 찾아낼 수 있는 예술의 힘을 잘 알았고 그것을 자신만의 방법으로 우리에게 보여주었다.

과학과 예술은 눈에 보이지 않지만 분명 실존하는 것을 찾아내려 한다는 점에서 맥락을 공유하며 서로 이어져 있다. 그렇기에 과학자들의 새로운 발견이 예술가들에게 영감을 주는 작용을 하기도 하고, 예술가들의 작업이 과학자들에게 신선한 화두를 던지고 시야를 넓혀주기도 한다.

우주라는 거대한 별빛 정원의 탐험은 지금도 계속되고 있다. 연구의 영역이 확대되고 과학이 인간의 삶을 더 깊숙하고 미세한 차원까지 파고들어 변화시킴에 따라, 삶의 본질에 관한 예술가들의 실존적 고민도 그만큼 심오해질 것이다. 보이지 않는 세계의 역동성이 그 파동의 깊이를 더할수록 예술가들의 손끝에서 펼쳐질 또 다른 세계 역시 몹시 궁금해진다.

3장

빛은 어떻게 움직이는가

"빛은 끊임없이 변하고,
대기와 사물의 아름다움을 매 순간 바꿔놓는다."

클로드 모네

빛은 생명의 원천으로서 우주의 비밀을 밝히려는 과학자들에게 가장 중요한 탐험 도구가 되어왔다. 예술의 역사에서도 빛은 언제나 중요한 역할을 했다. 미술가들은 빛을 통해 세상을 이해하고 영감을 얻으며 작품에 숨을 불어넣었다. 과학자와 미술가는 끊임없이 빛을 좇으며 영향을 주고받았고, 오늘날에는 첨단 과학기술에 놀라운 상상력까지 더해져 만들어진 새로운 빛의 예술이 신선한 감동을 전해주고 있다.

과학자와 미술가들은 빛이 어떻게 움직이는지 이해함으로써 빛의 신비로움에 다가서고자 노력했다. 빛의 성질을 이해해야 우리를 둘러싼 세상을 제대로 이해할 수 있다는 점을 알았기 때문이다. 변화무쌍한 빛의 움직임을 관찰하는 것만으로도 우리는 많은 사실을 새롭게 알게 된다. 우리의 삶을 지배하는 거의 모든 현상과 개념이 빛의 행동으로 인해 일어난 것이기 때문이다. 빛의 본질과 행동에 대한 고찰은 결국 인간 존재와 삶에 대한 새로운 관점을 환기한다.

우리는 빛으로 가득한 환한 세계가 아니라 잠시 빛이 가려진 어두운 세계에서 삶의 의미와 더불어 빛의 성질을 더욱 또렷하게 이해할 수 있다. 빛과 어둠, 빛과 그림자는 동전의 양면과 같다. 어둠은 지구의 등 뒤에서 여전히 빛나는 태양이 만들어낸 그림자이다. 빛이 없다면 어둠도 없고 그림자도 없다. 빛이 없다면 아름다운 노을도 무지개도 없다. 우리가 삶과 자연에서 경이로움을 느끼는 그 무수한 순간들마다 언제나 빛이 함께한다.

빛은 언제나 똑바로 나아가려는 성질이 있다. 직진만 하는 성질로 인해 물체를 만나면 더 이상 나아가지 못하고 물체의 뒤쪽에 그림자를 남긴다. 또 빛은 물질을 만나면 다양한 상호작용을 한다. 대체로는 반사되어 우리 눈에 시각 정보를 전달하지만, 물질에 그대로 흡수되거나 모두 투과하기도 한다. 또 직진으로 달리다가 모서리를 만나면 돌아가기도 하고, 작은 틈을 만나면 움직임의 형태와 방향을 바꾸기도 한다. 늘 일정 속도로 달리지만 어떤 물질 속으로 들어가면 속도가 느려지기도 한다. 또 어떤 물질과 만날 때는 다른 색의 빛을 만들기도 한다.

다양한 상황에 따라 다르게 행동하는 빛의 성질은 우리가 세상을 보는 방식에도 커다란 영향을 미친다. 그렇기에 미술가들이 빛의 움직임과 성질을 이해하고 이용하려 했던 것은 매우 당연한 일이었다. 미술가들은 빛을 이용해 사물의 이미지를 눈앞에 재현하는 검은 상자를 만들어 원근법이 정교하게 구현된 완벽한 그림을 그리고자 했다. 작은 틈을 통해 들어오는 빛이 건너편에 있는 물체를 거꾸로 된 상으로 보여주는 원리를 이용한 검은 상자는 광학기술의 발전과 더불어 오늘날의 카메라가 되었다.

실제 모습을 있는 그대로 포착해 보여주는 사진의 등장으로 예술계에서는 그림의 예술적 의미와 지향점에 대한 새로운 차원의 고민이 시작되었다. 미술가들은 사실적인 묘사를 포함한 전통적 회화 기법에서 벗어나 자신이 보여주고 싶은 세상과 전하고 싶은 메시지를 더 자유롭게 표현하기 시작했다. 언뜻 사진과 그림은 서로의 영역을 구분하며 각자의 길을 가는 듯했지만, 20세기에 이르러 마르셀 뒤샹Marcel Duchamp과 같은 전위적 작가가 등장하면서 '아름다움'을 포함해 모든 고정관념을 부정하고자 하는 흐름에 따라 사진과 그림의 경계 역시 허물어지며 공존하게 되었다. 특히 최근 주목받고 있는 극사실주의는 사진과의 연관성이 높다. 현실을 재현한 사진을 또다시 그림으로 재현하는 극사실주의 화가들은 빛의 다양한 움직임을 구석구석 놓치지 않고 포착함으로써 새로운 감각과 미적 경험을 선사해준다.

이제 과학자든 미술가든 자연에서 주어지는 빛에만 만족하며 머무르지 않는다. 빛을 좇으며 빛을 이용하고 한편으로 빛을 만들어낸다. 과학자들이 빛을 이용해 형광등, 현미경, 카메라를 개발한 것처럼 미술가들은 빛을 예술의 영역으로 이끌어 개성 넘치는 새로운 세계를 창조하고 있다.

빛은 언제나 지름길로 달린다

영화 〈할로우 맨〉을 보면서 한 번쯤 투명 인간이 되는 상상을 해보지 않은 사람이 있을까. 투명 인간이 되면 누구의 눈에도 띄지 않은 채 어디든 갈 수 있고 무엇이든 해볼 수 있을 테니까. 하지만 빛의 물리학을 조금만 공부한다면 그런 기대는 무너져버릴지도 모른다. 투명 인간은 다른 사람의 눈에 보이지 않을뿐더러 스스로 다른 사람도 볼 수 없으니까 말이다. 투명 인간은 눈의 망막도 투명할 텐데, 그러면 수정체를 통해 들어온 빛이 망막을 모두 투과해버려 빛에 있는 시각 정보를 인식할 수 없다.

투명체는 빛이 반사되지 않고 그대로 투과하는 물체이다. 그렇다면 유리, 물, 알코올 등과 같은 투명체가 우리 눈에 보이는 이유는 무엇일까. 빛이 유리나 물의 경계면을 인식하면 경로를 바꾸어 굴절되며 투과하기 때문이다. 물이 담긴 컵에 펜을 넣으면 물에 잠긴 경계선을 기준으로 펜이 꺾인 것처럼 보이는 것도 바로 빛의 굴절이 빚어낸 현상이다. 그래서 빛을 모두 투과시키면서 동시에 물체 주변의 굴절률이 물체의 굴절률과 같아져야 눈에 보이지 않는 완전한 투명체가 된다.

마찬가지로 투명 인간이 되려면 몸 전체의 굴절률을 공기의 굴절률과 똑같이 만들어야 한다. 몸의 아주 작은 일부분이라도 공기와 굴절률이 다르다면 빛이 닿는 순간 우리 눈에 보일 수밖에 없다. 몸 전체의 굴절률을 공기의 굴절률과 같게 만든다 해도 문제는 발생할 수 있다. 가령 비를 맞게 되면 비가 공기와 굴절률이 다르므로 비를 맞은 부분은 사람들 눈에 드러나게 된다. 아무리 빛의 특성을 잘 이용해도 투명 인간이 되는 건 너무 어려운 일이다.

빛은 공기 중에서 똑바로 진행하다가 어떤 물질을 만나면 흡수, 반사, 투과, 산란, 굴절과 같은 다양한 상호작용을 한다. 그중에서 빛이 물질의 경계면에서 진행 경로를 바꾸며 속도가 느려지는 현상이 굴절이다. 빛이 굴절되는 이유는 가장 빠른 길로 진행하려는 성질 때문이다. 빛이 공기 중에서 직진하는 것 역시 최소 시간에 진행하기 위한 선택이다.

빛을 자동차에 비유해서 설명하면 굴절 현상을 좀 더 쉽게 이해할 수 있다. 도로를 달리던 자동차가 갑자기 잔디밭으로 방향을 틀어 들어가게 되었다고 하자. 잔디밭에 먼저 닿은 앞바퀴는 느려진다. 그러나 여전히 도로에 있는 뒷바퀴는 속도가 줄어들지 않았기 때문에 자동차 방향이 잔디밭 쪽으로 더 많이 틀어진다. 빛이 물질을 만날 때 방향이 꺾이며 다른 각도로 진행하게 되는 원리도 이와 유사하다.

빛은 어떤 물질을 만나 경계면으로 들어갈 때 경계면과 수직인 법선을 기준으로 일정한 각도를 유지한다. 물질의 경계면으로 진

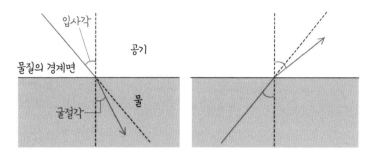

물질의 경계면에서 경로를 바꾸는 빛의 굴절

행하는 빛을 입사광이라 하고, 경계면에서 꺾여서 진행하는 빛을 굴절광이라고 한다. 입사광이 법선과 이루는 각을 입사각, 굴절광이 법선과 이루는 각을 굴절각이라고 하는데, 물질로 입사한 빛이 굴절되는 정도를 굴절률이라고 한다. 입사각이 같을 때 굴절각이 작은 물질일수록 굴절률이 크다. 굴절률이 크다는 것은 그만큼 물질 내부의 밀도가 높다는 것을 의미한다.

물질 내부의 밀도가 높으면 빛은 굴절되는 각도를 줄인다. 물질을 지나는 진행 경로를 줄여 통과하는 시간을 아끼기 위해서이다. 빛은 언제나 가장 빨리 갈 수 있는 지름길을 알고 있다. 이를 '페르마의 최소 시간의 원리^{Fermat's Principle of Least Time}'라고 하는데, 1657년 프랑스의 수학자 피에르 드 페르마^{Pierre de Fermat}가 발견한 원리이다.

빛의 직진성과 굴절 모두 지름길로 달리고자 하는 원칙이 만들어낸 특성이다. 빛이 지닌 이러한 특성 덕분에 우리는 물속에 있는 사물을 알아볼 수 있고, 사물의 크기를 비교할 수 있고, 눈에 보이지 않는 건너편에 무언가가 있음을 인지할 수도 있다. 더욱 흥미로운 것은 빛이 지닌 특성들이 비틀어졌을 때 인간의 상상력이 그 가치를 발한다는 점이다. 빛의 진짜 매력은 때로는 과학으로 설명 가능한 정교함 너머에 존재하기도 한다. 빛은 우리가 현상을 직시하도록 이끌면서 동시에 일어날 수 없는 일을 상상하도록 자극한다.

에스허르의 가상현실, 거울 속 작은 우주

빛이 있으면 그림자도 있게 마련이다. 우리는 때로 삶의 희로애락을 이야기할 때 이 말을 인용하기도 하지만, 사실 여기에는 빛의 성질에 관한 핵심이 담겨 있다. 빛의 가장 중요한 성질 중 하나는 직진성이다. 빛은 공기 중에서 직진하다가 물체에 닿으면 반사된다. 물체 뒤에는 빛이 도달하지 못하기 때문에 그림자가 생긴다. 물론 투명한 물체에 닿으면 빛이 반사되지 않고 투과하기 때문에 그림자가 생기지 않는다. 태양과 지구 사이에 놓인 달 때문에 태양의 일부 또는 전부가 가려지는 현상인 일식, 태양에 의해 생긴 지구의 그림자 속에 달이 들어와 일부 또는 전부가 보이지 않는 현상인 월식도 빛이 직진하기 때문에 일어나는 현상이다.

우리가 사물을 제대로 볼 수 있는 것도 빛이 직진하는 성질을 가진 덕분이다. 사물에서 반사된 빛이 똑바로 우리 눈에 들어오지 않고 제멋대로 흩어지거나 구부러진다면 어떻게 될까. 우리는 사물의 형태나 색채를 있는 그대로 볼 수 없을 것이다.

직진하던 빛이 물체의 표면에 부딪혀 튕겨 나오는 현상을 '빛의 반사'라고 한다. 이때 경계면에 부딪히는 입사광과 튕겨 나오는 반사광이 이루는 각도는 대칭을 이룬다. 빛의 반사율은 물체의 표면에 영향을 많이 받는다. 거울과 같은 평평하고 매끈한 표면에서는 일정한 방향으로 많은 빛이 반사되는 반면에, 울퉁불퉁한 표면에 닿은 빛은 여러 방향으로 흩어져 눈에 들어온다. 거울이나 유리에 다른 사물이 비치는 이유는 그만큼 표면이 매끈해서 빛의 반사율이 높기 때문이다.

거울은 유리 뒷면에 알루미늄과 같은 금속 성분의 물질을 코팅해서 만든다. 매끄럽게 코팅된 금속 표면은 주변의 모든 사물로부터 반사된 빛까지 모두 다시 반사해 우리 눈으로 보내준다. 빛을 모으는 정도는 거울의 곡면에 따라 달라진다. 숟가락처럼 볼록한 거울은 평평한 거울보다 빛을 더 잘 모으기 때문에 좀 더 넓은 반경의 사물을 다 모아서 보여준다. 오목거울은 그 반대이다.

　우리가 사물을 직접 보는 것 같지만 사실 우리와 사물 사이에는 빛이 있다. 그런데 그 사이에 다시 거울이 있다면 어떻게 될까. 우리에게 사물을 보여주는 것은 빛일까, 거울일까. 주변의 모든 사물로부터 반사된 빛을 모아준다는 점에서 거울은 우리에게 간접적으로 무언가를 보여주는 상징적 도구로 소환되곤 된다. 거울을 정면으로 마주하면 자신의 모습이 그대로 보이는데, 그 모습은 진짜 자신의 실체가 아니다. 빛에 의해 반사된 이미지가 아니라 거울에 의해 한 번 더 반사된 이미지이기 때문이다. 그래서 사람들은 거울에 비친 모습은 허상의 이미지이며 실체와는 다른 의미를 지닌다고 해석하기도 한다. 거울은 마치 빛처럼 세상을 비춰 보여주지만, 한편으론 가장 쉽게 세상을 왜곡해서 보여주는 존재이기도 하다. 예술의 역사에서 빛과 함께 거울이 중요한 역할을 했던 것에는 그런 이유도 있을 것이다.

　네덜란드 판화가이며 그림의 마술사로 불리기도 하는 에스허르의 작품 〈유리구슬을 든 손〉에는 볼록거울을 통해 왜곡된 사물의 모습이 잘 표현되어 있다. 에스허르는 오늘날의 가상현실 세계를 진작에 예측했다는 듯이 사물의 비현실적인 형상화, 불가사의한 배치와 반전을 통해 시각적 유희를 즐겼던 판화가이다. 얼핏 보면 그림을 보는 사람이 유리구슬에 비친 듯한 구도이지만, 실제 유리

마우리츠 코르넬리스 에스허르
〈유리구슬을 든 손〉, 1935년

구슬에 비친 것은 에스허르 자신이다.

볼록거울은 넓은 반경의 빛을 모아서 보내주기 때문에 에스허르가 앉아 있는 방 안의 모든 소품과 천장의 조명까지 다 보여준다. 동그란 거울의 모양에서 유추할 수 있듯이 거울 속 그의 방은 그림 속에 존재하는 하나의 작은 우주이다. 그리고 그 중앙에 앉아서 정면을 응시하는 에스허르의 모습에서는 스스로 우주의 중심에 있다고 생각하는 예술가로서의 자신감이 느껴진다.

빛의 간섭이 만들어내는 무지개색

반사 및 굴절과 더불어 빛의 또 다른 중요한 성질은 '간섭'이다. 영-헬름홀츠설을 정립한 토머스 영은 빛의 간섭 현상을 통해 빛이 파동의 성질도 가졌다는 점을 밝혀내기도 했다(이에 대해서는 5강에서 좀 더 자세히 살펴본다). 파동이란 공간이나 물질의 한 부분에서 생긴 주기적인 진동이 시간의 흐름에 따라 주위로 멀리 퍼져나가는 현상을 의미한다. 잠잠하던 호수에 돌멩이를 던졌을 때 동심원을 그리며 출렁이는 물결도 파동이다. 빛도 파동이기 때문에 파동의 기본적인 구조를 지니고 있다. 파동의 구조에서 공간적으로 가장 높은 부분을 '마루'라고 하고, 가장 낮은 부분을 '골'이라고 한다. 마루와 마루 사이 혹은 골과 골 사이의 거리를 '파장'이라 하고, 진동 중심으로부터 마루 혹은 골까지의 폭을 '진폭'이라고 한다.

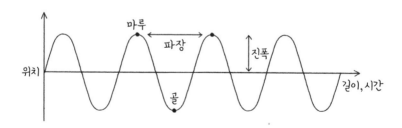

파동의 기본 구조

두 개 이상의 파동이 중첩될 때 위상 차이에 따라 진폭이 커지거나 작아지는 현상을 빛의 간섭이라고 한다. 두 파동의 위상이 같다는 것은 마루와 마루 혹은 골과 골이 겹치는 '결맞음'을 의미하기도 한다. 위상이 같은 두 개의 파동이 만나면 진폭이 더욱 커지는 것을 보강 간섭constructive interference이라고 한다. 두 파동의 위상이 어긋나면 서로의 값을 상쇄해 마루와 골이 없어지는데, 이를 상쇄 간섭destructive interference이라고 한다.

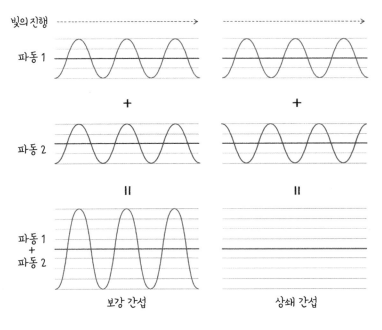

파동이 중첩될 때 일어나는 빛의 간섭

파장과 주파수가 다른 빛이 만나면 어떻게 될까? 일정 간격으로 보강 간섭이 일어나 진폭이 커졌다가 다시 일정 시간 뒤에는 상쇄 간섭이 일어나 진폭이 작아지는 형태가 반복된다. 주파수가 다른 두 개의 소리가 중첩되어도 두 소리의 파동 사이에서 간섭 현상이 일어나 소리가 규칙적으로 커졌다가 작아졌다 하는 일이 반복되는데, 이러한 현상을 '맥놀이beat'라고 부르기도 한다.

요즘은 온라인에서 스트리밍으로 음악을 듣는 사람들이 많아져 CD를 접하는 일이 크게 줄어들었다. 그래도 CD 표면을 형광등에 비추었을 때 무지개색이 나타나는 것을 본 적이 있을 것이다. CD 표면은 매끈한 거울처럼 보이지만, 아주 크게 확대해서 보면 미세한 요철들이 나선형으로 촘촘하게 배열된 것을 확인할 수 있다. 형광등 불빛이 CD 표면에서 반사되면 산란되면서 파장에 따라 여러 각도로 퍼져나간다. 이때 요철과 요철 사이의 틈 때문에 빛이 휘어져 나가기도 하는데, 이러한 현상을 '회절'이라고 한다. 제각기 다른 각도로 퍼져나간 빛은 보강 간섭 또는 상쇄 간섭을 일으켜 우리 눈에 무지개처럼 여러 가지 색을 띤 무늬로 보이게 된다.

CD의 표면에 반사된 형광등 불빛이 여러 파장의 빛으로 갈라져 무지개처럼 다양한 색으로 보이는 것은 유리 프리즘을 통과한 태양광이 여러 가지 파장의 색으로 분산되어 나타나는 것과 같은 원리이다. CD 표면의 요철이 빛의 회절과 간섭 현상을 일으켜 여러 가지 파장이 혼합된 하얀색 빛을 무지개색으로 분광해주는 역할을 한 것이다.

비가 온 다음 날 길바닥을 보면 자동차에서 새어 나온 기름이 무지개색을 띠며 번져 있는 것이 눈에 띄는데, 이 역시 같은 원리 이다. 물에 섞이지 않아 형성된 기름의 얇은 막과 길바닥의 채 마르지 않은 물기 사이에서 반복된 빛의 간섭 현상이 하얀색 빛을 분산시켜 여러 가지 색으로 보여주는 것이다. 비눗방울 놀이를 할 때 보이는 무지개색 역시 빛의 간섭 현상이 만들어낸다. 태양광이 비눗방울의 표면에서 일부는 반사되고 나머지는 굴절되어 비눗방울의 얇은 막으로 들어가면서 표면과 내부에서 반사된 빛이 간섭 현상을 일으키는 것이다.

야식으로 족발을 즐겨 먹는 사람이라면 족발 표면에서 이상야릇한 초록색 자국을 발견하고 유해 물질이 묻은 게 아닌가 해서 겁이 덜컥 났던 적이 있을 것이다. 이 역시 빛의 간섭 현상이다. 족발은 매우 촘촘한 밀도의 섬유질로 이루어졌는데, 이 섬유질이 CD 표면의 요철과 같은 역할을 해서 빛의 간섭 현상을 일으킨다. 수분이 포함된 정도에 따라 색이 달라지고 무지개색으로 나타나기도 하는데, 사람의 눈이 가장 민감하게 반응하는 파장대인 초록색으로 주로 보이는 것뿐이다. 조금만 주의를 기울여 둘러보면 일상생활에서도 빛의 간섭 현상으로 만들어지는 무지개를 더 많이 만날 수 있을 것이다.

낙타가 바늘구멍에 들어가게 하려면

파동 형태의 빛은 물체를 만나면 그 물체의 끝을 에돌아 지나간다. 우리말로 '에돌이'라고 하는 이 회절 현상은 간섭 현상과 함께 빛이 파동이라는 중요한 증거가 된다. 빛이 불투명한 물체를 만나면 투과하지 못하고 그림자를 만드는데, 그림자의 가장자리가 선명하지 않고 희미한 것 역시 일부 빛이 물체를 에돌아 지나갔기 때문이다.

17세기 네덜란드 과학자 크리스티안 하위헌스Christian Huygens는 1690년에 발표한 빛의 파동 현상에 대한 논문에서 이러한 회절 현상에 대해 처음 설명했다. 하위헌스는 수면에서 진행하던 파동이 벽면의 좁은 틈에 닿았을 때 이 틈을 중심으로 새로운 파동이 발생하는 것을 관찰하고, 빛이 물체의 한쪽 끝을 만나거나 좁은 틈을 만나면 둥그렇게 휘어지면서 방사형의 파동이 생기는 현상을 '빛의 회절'이라고 설명했다.

끝이 있는 물체 두 개가 만나서 가까워지면 빛의 입장에서는

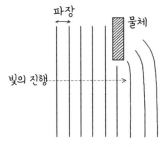

빛이 물체의 모서리를 만나면 회절됨

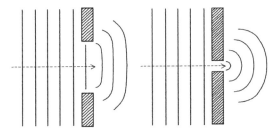

틈이 좁을수록 빛의 회절이 잘 일어남

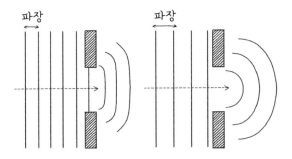

파장이 길수록 빛의 회절이 잘 일어남

물체의 모서리나 틈을 만났을 때 일어나는 빛의 회절 현상

틈이 된다. 두 끝이 만들어낸 틈을 지날 때, 빛은 좌우대칭으로 에돌아가면서 방사형으로 퍼져나가게 된다. 긴 파장의 빛일수록 회절의 정도가 커져서 더 둥그렇게 구부러진 방사형으로 퍼진다. 빛이 통과하는 물체의 크기나 틈새가 작을수록, 즉 빛의 파장과 물체 크기의 차이가 클수록 회절의 정도가 커지면서 더 둥그렇게 구부러진 형태를 띤다.

틈이 좁을수록 회절이 잘 일어나는데, 그렇다면 빛은 얼마나 작은 틈까지 통과할 수 있을까? 틈이 아니라 물체가 놓여 있다면 어떨까? 빛은 얼마나 작은 물체까지 인식하고 반사해 우리에게 보여줄 수 있는 걸까?

신약성서에는 부자가 천국에 들어가기란 낙타가 바늘구멍에 들어가기보다 더 어렵다는 구절이 나온다. 키가 수 미터에 이르는 낙타가 고작 1밀리미터 정도의 바늘구멍에 들어갈 수 없는 것은 당연하다. 우리가 물체를 관찰하려면 물체의 표면에서 반사되거나 물체를 투과한 빛이 눈에 들어와야 한다. 하지만 빛의 파장에 비해 관찰하고자 하는 물체의 크기가 훨씬 작으면 빛은 그 물체를 인지하지 못한 채 그대로 통과해 진행하던 방향대로 가버린다. 물체에 닿지 못한 빛은 우리의 눈에 아무것도 보여주지 않는다.

빛과 렌즈를 이용하는 광학 현미경은 회절 현상을 피할 수 없

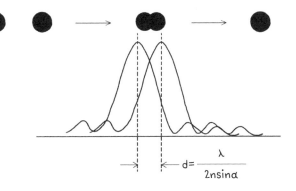

빛이 식별할 수 있는 물체 크기의 한계를 보여주는 아베의 회절 한계 공식

으며, 따라서 바이러스나 분자 단위의 지나치게 작은 구조는 볼 수 없다. 이를 '회절 한계diffraction-limited'라고 부른다. 19세기 독일 물리학자 에른스트 아베Ernst Abbe는 광학 현미경으로 두 점을 구분 하기 위해선 "두 점 사이의 거리가 빛 파장의 절반보다는 길어야 한다"라는 점을 제시하며 처음으로 회절 한계 이론을 발표했다.

그림처럼 검은색 두 점은 충분히 떨어져 있을 때는 쉽게 구별할 수 있지만, 점차 가까워져 파장의 절반 이하 수준에 가까워지면 하 나의 점으로 보이게 된다. 빛의 고유 성질인 파동이 갖는 '회절 한 계'로 인해 두 검은 점 사이의 좁은 틈을 인지하지 못하는 것이다. 틈이 아주 작으면 회절 현상으로 인해 식별이 어려울 만큼 흐릿

할 테고, 틈이 파장의 절반보다도 작으면 아예 빛이 지나갈 수조차 없다. 마치 낙타가 바늘구멍을 통과할 수 없는 것처럼 말이다.

신이 만든 빛, 인간이 만든 메타물질

아베는 가시광선 중 짧은 파장의 절반에 해당하는 약 200나노미터가 광학 현미경의 회절 한계라고 정의했다. 이는 광학 현미경으로 미토콘드리아나 머리카락은 볼 수 있지만, 바이러스나 단백질은 볼 수 없다는 것을 의미했다. 아무리 좋은 현미경이 있더라도 현재 인류를 위협하고 있는 코로나 바이러스를 눈(가시광선)으로 직접 볼 수 없는 것도 이 때문이다. 이 회절 한계 이론은 과학계에서 오랫동안 정설로 받아들여졌지만, 최근 눈부신 발전을 이룬 나노 과학이 그 한계에 도전장을 내밀고 있다. 물론 빛을 이용해 200나노미터보다 작은 물질을 직접 식별할 수 있게 된 것은 아니다. 회절 한계 자체를 없애는 것은 여전히 불가능하다. 과학자들은 자연계에 존재하지 않는 특성을 가진 새로운 물질, 즉 '메타물질'을 만들어 광학의 한계를 간접적인 방식으로 극복하고 있다.

메타물질은 자연계에 존재하지 않는 제3의 특성을 구현하기 위해 빛의 파장보다 훨씬 더 작은 크기의 금속이나 유전체 등과 같은 물질을 복합적으로 섞어 설계되었으며, 메타원자라는 새로운 물질 단위 요소의 주기적인 배열로 이루어졌다. 메타원자는 새로운 광학적 값을 가지는 새로운 개념의 인공원자이다. 1968년 러시아 물리학자 빅토르 베셀라고Victor Veselago가 메타물질의 가능성을 처음 제시했으며, 영국 물리학자 존 펜드리 경Sir. John Pendry이 투명망토처럼 빛을 완벽하게 투과시킬 수 있는 음의 굴절률 원리를 소개하면서 본격적인 연구가 시작되었다.

메타물질의 가장 큰 매력은 빛이 물질을 만났을 때 일어나는 상호작용을 원하는 형태로 조절할 수 있다는 데 있다. 가령 메타물질을 활용하면 빛이 음의 굴절률로 굴절되어 반사되는 빛이 없으므로 우리 눈에는 아무것도 보이지 않게 된다. 이것이 투명망토의 원리이다. 실제로 메타물질을 이용해 투명망토를 만들어내는 과정은 굉장히 복잡하고 어려운 기술을 필요로 하지만, 그 뒤에 숨어 있는 기본 원리는 의외로 매우 간단하다. 빛은 언제나 직진하는 성질을 갖고 있지만, 메타물질을 활용해 빛이 모두 물체 주변으로 휘어서 나가도록 해주는 것이다. 그림에서 보듯이 빛은 사과 주변을 완벽하게 에돌아가고 사과 표면에서 반사되거나 흡수되는 빛이 없으므로 사람의 눈에는 사과가 보이지 않는다. 메타물질을 활용하면 특정 주파수의 빛만 흡수되거나 반사되도록 할 수도 있다.

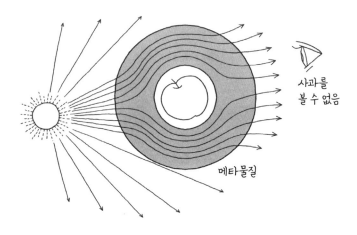

사과를 볼 수 없음

메타물질

메타물질로 인해 사과 주변을 에돌아가는 빛의 경로

　메타원자의 구조를 정교하게 설계한 메타물질을 이용하면 빛의 파장보다 훨씬 작은 물체를 인식한 것과 같은 효과를 얻을 수 있다. 실제 눈으로 보는 것은 아니고 빛과 물체가 상호작용하게 함으로써 인식한 것과 같은 효과를 얻는 것이다. 빛이 같은 크기와 주기의 진동수를 가진 물체와 만났을 때 진동이 더욱 커지는 공명 현상을 이용한다. 그 원리를 좀 더 자세히 설명하면 이렇다. 물체의 끝이 맞닿아 틈을 이루는 구조가 있다. 물체의 한쪽 끝은 공명을 일으키는 조건을 유지하면서 다른 한쪽 끝에서는 틈이 무한하게 작아진다고 가정해보자. 두 물체가 서로 닿지 않는 한 아무리 가까워진다고 해도 틈은 여전히 존재한다. 이 틈이 아무리 좁더라도 빛은 여전히 공명하면서 상호작용할 수 있다. 상호작용이 일어나면 틈보다 더 긴 파장을 지닌 빛이라 해도 그 틈을 통과할 수 있다. 공명하는 빛은 아무리 좁은 틈이라도 지날 수 있다!

이렇게 회절 한계를 극복함으로서 과학자들은 이제 광학 현미경을 통해 바이러스나 단백질과 같은 아주 미세한 물질들도 관찰할 수 있게 되었다. 낙타가 바늘구멍을 통과하는 것만큼이나 불가능한 것으로 여겨졌던 일이 가능해진 것이다. 흥미롭게도 과학계에서 일어난 이러한 사건을 예술적인 상상력으로 구현한 화가가 있다. 바로 살바도르 달리를 비롯한 초현실주의 화풍을 끌어낸 선구자 조르조 데 키리코Giorgio de Chirico이다. 키리코의 〈사랑의 노래〉에는 태양이 내리쬐는 밝은 대낮의 건물 벽에 아폴로 석고상과 수술용 고무장갑이 걸려 있고, 초록색 공이 갑자기 등장한다. 이는 대표적인 초현실주의 방식의 하나로 알려진, 일상적이고 익숙한 배치와 관계가 아닌 낯선 방식으로 주변의 사물을 배치하는 데페이즈망dépaysement 기법에 따른 연출로, 키리코의 '형이상회화'의 대표작으로 알려져 있다. 각각의 사물은 키리코가 가진 무의식 세계에서 출발한 여러 가지 상징성을 띠는 물건으로 해석되곤 하는데, 그러한 해석은 잠시 뒤로하고, 사물의 실제 크기와 동떨어진 과장된 표현과 배치에만 한번 주목해보자.

이 그림을 보면서 느껴지는 기묘한 감정은 바로 우리가 알고 있

조르조 데 키리코, 〈사랑의 노래〉, 1914년

는 사물의 크기와 상대성을 과감하게 비틀어버린 그의 대담한 표현력에서 온다. 건물의 크기에 비해 상대적으로 많이 과장되게 커진 이 사물들은 마치 메타물질을 이용해 빛을 자유롭게 조절하고 파장 한계보다 훨씬 작아 볼 수 없었던 바이러스나 단백질과 같은 미세한 물질들의 크기를 과장되게 증폭시켜 볼 수 있게 만든 현재 기술을 예견한 것 같다. 한편으로 이 낯설고도 신선한 실험조차 그림 전반을 비추는 밝은 빛이 따뜻한 온기로 감싸주고 있다는 점이 인상적으로 다가온다. 다른 초현실주의 그림과 달리 키리코의 그림은 현실과 동떨어진 초현실의 세계임에도 우리에게 온화함을 선사해준다. "과거, 현재, 미래의 모든 종교보다 태양 아래를 걷는 사람의 그림자에 더 많은 수수께끼가 있다"라고 말했던 그가 자신의 그림 안에 가득 들여놓은 빛과 그림자의 변주 덕분일 것이다.

빛의 도구로 그린 그림

초등학교 과학 시간에 종이 상자를 만들어 바늘로 구멍을 뚫고 폴라로이드 필름을 붙여 바늘구멍 사진기를 만들어본 기억이 있는가? 바늘구멍 사진기는 손쉽게 만들 수 있는 일종의 이미징imaging 장치로 바늘구멍을 통과해 들어오는 빛이 물체의 이미지를 좌우와 위아래를 뒤집어 상으로 맺히게 해준다. 이는 모두 빛의 직진하는 성질로 인해 만들어지는 현상이다.

　작은 틈을 통해 들어오는 빛이 건너편에 있는 물체를 거꾸로 된 상으로 보여주는 원리는 고대 그리스의 아리스토텔레스 시대에도 이미 알려져 있었다. 16세기 르네상스 시대에 카메라 옵스큐라가 등장하기 이전부터 사람들은 어두운 공간의 한쪽 벽면에 작은 구멍을 뚫고 반대쪽 벽면에 외부 풍경이 비치도록 해서 일식을 관찰하기도 했다. 영국 안경점에서 일하며 과학기구를 만들었던 제임스 에이스코프James Ayscough는 옵스큐라의 원리를 설명하면서 벽의 구멍을 통해서 바깥 풍경이 거꾸로 된 상으로 맺히는 상황을 보여주기도 했다. 단지 좁은 틈으로 새어 들어오는 빛의 행동을 놓치지 않고 끈질기게 살펴본 사람들 덕분에 오늘날 우리가 카메라라는 위대한 발명품을 갖게 된 것이니 그 관찰의 힘에 새삼 탄복하게 된다.

　오늘날 카메라의 전신이 된 카메라 옵스큐라는 바늘구멍 사진기의 원리를 확장해 만들어졌다. 상자처럼 생긴 장치의 한쪽 면에 작은 구멍과 렌즈가 있고 반대쪽 면에 이미지가 투사된다. 카메라 옵스큐라 역시 바늘구멍 사진기처럼 상을 반전시킨다. 구멍이 커지면 빛이 많이 들어와 이미지가 밝아지는 대신 빛이 넓게

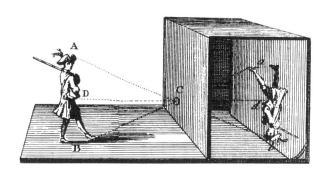

빛의 직진성을 이용한 바늘구멍 사진기

퍼지면서 이미지의 경계선은 오히려 흐려진다. 이런 문제를 해결하기 위해 작은 구멍 대신 렌즈를 끼워 넣고, 반사경을 부착해 이미지를 똑바로 볼 수 있게 만들면서 카메라 옵스큐라는 더욱 발전했다.

흥미로운 것은 당시 '검은 상자'라고도 불렸던 카메라 옵스큐라가 사진을 남기기 위한 장치가 아니라 밑그림을 그리기 위한 수단으로 주로 사용되었다는 점이다. 19세기 프랑스 물리학자 아돌프 가노Adolphe Ganot가 자신의 저서에 남긴 삽화를 보면 카메라 옵스큐라를 이용해 밑그림을 그리는 원리를 쉽게 이해할 수 있다. 먼저 상이 맺히는 면에 비스듬히 거울을 두고 투명한 유리로 덮는다. 그 위에 비치는 얇은 종이를 두면 사물을 실제 비율 그대로 따라서 그릴 수 있게 된다. 이때 거울이 상을 한 번 더 반전시켜줘서 그림 그리는 사람의 눈에는 사물이 거꾸로 된 상이 아니라 똑바른 상으로 보인다.

화가의 눈이 아무리 예민하고 섬세하다 해도 사람의 눈은 인지 과정에서 사물의 크기나 비례를 왜곡해서 보기 쉬운 한계를 지니고 있다. 그런데 카메라 옵스큐라를 이용하면 사물의 크기와 비례를 정확하게 그릴 수 있고 원근법에 따른 소실점 구도도 훨씬 정교하게 표현할 수 있다. 좀 더 사실적이면서 안정적인 구도의 그림을 그리고자 했던 화가들에게 카메라 옵스큐라는 매우 유용한 도구가 되어주었다. 17~19세기에는 레오나르도 다 빈치나 요하네스 페르메이르를 비롯해 많은 화가가 이러한 광학 장치의 도움을 받아 걸작을 남겼다.

18세기 우리나라에도 카메라 옵스큐라를 이용해 그림을 그린 화가가 있었으며, 이는 당시 초상화 양식에도 변화를 가져왔다. 조선 후기 실학자 정약용은 그의 저서 《여유당전서輿猶堂全書》에 광학 원리를 설명하면서 이를 바탕으로 제작한 기계를 소개했다. "캄캄한 방에서 유리 렌즈를 통해 보는" 기계를 설치하고 "거기에 비친 거꾸로 된 그림자를 취하여 화상을 그리게 했다"라는 실험 내용까지 상세히 기록했다.

명지대학교 이태호 교수는 《사람을 사랑한 시대의 예술, 조선

이명기, 〈유언호 초상〉, 1787년

후기 초상화》라는 책에서 1787년 도화서 화원 이명기가 당시 우의정 유언호의 초상화를 그릴 때 카메라 옵스큐라 기술을 사용했다고 설명하고 있다. 실제로 〈유언호 초상〉을 보면 오른쪽 아래에 '용체장활 시원신감일반容體長闊 視元身減一半'이라는 글자가 쓰여 있다. 이는 '얼굴과 몸의 길이와 폭은 원래 신장과 비교할 때 절반으로 줄인 것이다'라고 풀이된다. 카메라 옵스큐라 기술을 이용해 배율에 따라 실제 키를 줄여 초상화를 그렸던 것으로 추정할 수 있는 대목이다.

카라바조의 반전, 또 반전

1600년대 초 바로크 예술의 거장이었던 이탈리아의 카라바조는 〈바쿠스〉를 통해 인물과 정물에 대한 뛰어난 묘사를 보여주고 있다. 바쿠스는 로마 신화에 등장하는 술의 신으로 그리스 신화에서는 디오니소스라는 이름을 갖고 있다. 그림 속 바쿠스는 발그레한 얼굴로 마치 우리에게 포도주를 권하듯 잔을 들어 보이고 있다. 왼손에 들린 잔 속에서 포도주가 파르르 물결치고 있다. 마치 방금 잔을 들어 올린 듯한 순간을 포착해 동적인 움직임을 정밀하게 표현했다.

미켈란젤로 메리시 다 카라바조, 〈바쿠스〉, 1571년

흥미로운 점은 〈바쿠스〉를 둘러싼 '반전' 논쟁이다. 이 그림에 숨은 반전이 있다는 주장을 제기한 사람은 영국 화가 데이비드 호크니David Hockney이다. 그는 《명화의 비밀》이라는 자신의 저서에서 시대의 걸작을 그린 화가들이 거울과 렌즈를 사용해 사실적으로 그림을 그려냈다고 주장해 많은 화제를 낳았다. 그러면서 카라바조의 그림에서 바쿠스가 왼손으로 포도주잔을 들고 있는 것도 카라바조가 거울을 이용해 모델을 그렸기 때문에 일어난 좌우 반전의 결과라고 설명했다.

호크니는 화가들이 사실적인 그림을 그리기 위해 광학 도구를 사용했다는 점을 보여주기 위해 자신이 직접 카메라 옵스큐라를 제작해 정확한 구도와 비례를 갖는 그림을 그려 보이기도 했다. 이러한 주장은 명화를 그린 대가들이 광학 도구의 힘을 빌렸을 리 없다고 주장하는 사람들과의 사이에서 논쟁을 불러일으켰고, 이 논란은 아직도 진행형으로 남아 있다.

〈바쿠스〉가 좌우 반전된 것일지도 모른다는 짐작을 하게 하는 지점이 한 가지 더 있다. 그것은 바쿠스가 오른쪽 팔을 괴고 기대어 있다는 점이다. 당시 로마인들은 소화가 잘되도록 누워서 식사를 했다고 기록되어 있는데, 사람의 위는 좌우 비대칭이어서 왼쪽으로 기대어 눕는 것이 위산의 역류를 막아 소화에 좋다고 알려져 있다. 피에르 올리비에 조제프 쿠먼스Pierre Olivier Joseph Coomans가

피에르 올리비에 조지프 쿠먼스, 〈로마의 향연〉, 1876년

로마 귀족들의 연회 장면을 그린 〈로마의 향연〉이라는 그림을 보면 식사 중인 사람들이 왼쪽 팔을 괴고 옆으로 기대어 있다. 이런 정황을 고려한다면 〈바쿠스〉의 좌우가 바뀌는 것이 더욱 자연스럽게 느껴질 수도 있다.

그러나 이 같은 주장을 반박하는 근거도 있다. 1922년 미술사학자 마테오 마랑고니Matteo Marangoni에 의해서 복원 작업을 거치며 그림 아래에 숨겨져 있던 다른 그림이 발견되었던 것이다. 연구진이 적외선 반사측정기를 이용해 그림 표면의 아래층을 살펴본 결과 왼쪽 아래에 놓인 디캔터에 사람의 얼굴을 그렸던 흔적이 있었

적외선으로 본 와인 병에 비친 화가의 자화상

다. 흰 캔버스가 올려진 이젤 앞에서 그림을 그리고 있는 카라바
조 자신의 모습이었다. 유리로 된 디캔터에 비친 카라바조는 렌즈
나 거울이 달린 광학 기구 없이 전통적인 방식 그대로 캔버스 앞
에서 그림을 그리고 있다.

현대의 첨단 과학기술도 카라바조가 광학 기구를 사용했다는 증
거를 발견하진 못했다. 컴퓨터 광학과 미술 이미지 분석 등을 연구
하는 과학자 데이비드 스토크David G. Stork는 2011년에 카라바조가
광학 도구를 사용했다는 점을 증명할 수 있는 근거는 어디에서도
찾을 수 없다는 것을 밝히는 연구 결과를 발표하기도 했다.

카라바조의 〈바쿠스〉가 이처럼 여러 차례 반전을 거듭하며 수많은 논란을 낳은 이유는 사실 그의 그림이 너무나 정교하고 훌륭하기 때문이다. 사람의 눈으로 보고 그린 그림이 이토록 사실적일 리 없다는 의구심을 낳았다는 것은 반대로 생각하면 그의 그림이 그만큼 놀랍고 뛰어나다는 방증이니까 말이다.

과학과 예술의 경계를 허무는 빛

인간은 빛을 통해 세상을 보았고 그것을 그림으로 남겨놓았다. 인류의 역사에서 기록은 본능에 가까운 것이었다. 구석기시대의 동굴벽화로부터 시작된 인류의 미술사는 카메라가 발명되면서 큰 변혁기를 맞이했다. 알베르트 아인슈타인의 상대성이론과 지크문트 프로이트Sigmund Freud의 《꿈의 해석》 발표와 함께 20세기 초 예술계를 크게 흔들어 놓은 사건은 바로 카메라의 등장이었다.

사물의 재현과 기록이라는 역할을 카메라가 대신하게 됨으로써 미술가들은 새로운 대명제를 찾아야 했다. 사실 19세기 말에 에두아르 마네의 〈풀밭 위의 오찬〉을 필두로 인상주의가 대두되었을 때 이미 '현실의 재현'은 더 이상 그림의 역할이 아니었다. 기존의 전통적인 시각에서 벗어나 빛에 의해 변화하는 찰나의 순간을 담으려고 했던 인상주의는 다양한 미술 사조가 폭발적으로 탄생하는 발판을 마련했다. 사물을 바라보는 화가 자신의 개성과 철학적 관점을 담으려는 욕구와 사물의 본질에 깊숙이 다가가려는 노력 등이 20세기의 후기 인상주의, 입체주의, 초현실주의, 표현주의 등을 탄생시켰다.

과학과 예술이 상호작용하며 다양한 기법과 철학이 등장했다가 사라지기를 반복했던 미술계에 등장한 기법은 흥미롭게도 극사실주의hyperrealism이다. 주로 일상적인 현실을 마치 사진처럼 생생하고 사실적으로 그려내는 것이 특징이다. 극사실주의 화가들은 사진을 이용해 사실적인 이미지를 회화로 재현한 독특한 작품을 선보인다. 한때 기계적 이미지라며 폄하되었던 사진이 이제는 새로운 회화 기법의 일부로 수용되어 완벽하고 생동감 있는 현실을 작품에 담아내는 데 도움을 주고 있다.

중요한 점은 극사실주의의 목표가 단순히 사실을 재현하는 데에 있지 않다는 것이다. 때로는 사진보다 더 현실적이고 생동감 넘치게 세상을 표현한다. 특히 앨리스 달튼 브라운Alice Dalton Brown과 같은 화가는 빛과 그림자를 사진보다 더 직접적이고 감각적으로 묘사함으로써 극사실주의만의 독특한 아름다움을 추구한다. 브라운은 한 인터뷰에서 "내 관심사는 빛에 의해 만들어진 이미지의 모양, 그림자, 반사와 구성에 있다"라고 말했다.

앨리스 달튼 브라운, 〈블루스 컴 스루〉, 1999년

〈블루스 컴 스루〉는 브라운의 관심사를 잘 반영한 대표작들 가
운데 하나이다. 한적한 바닷가 마을에서 창을 통해 스며드는 햇
살이 따사롭다. 너무나 사실적인 질감의 커튼과 바닥은 물론이
고 벽에 일렁이는 그림자까지, 이것이 사진이 아닌 그림이라는 사

실에 몇 번이고 놀라게 된다. 붓과 물감으로 어쩌면 이다지도 빛과 그림자를 실감 나게 표현할 수 있단 말인가. 극도로 현실적인 묘사가 오히려 비현실적인 상상을 불러일으키며 우리를 초현실의 세계로 초대한다.

브라운은 빛과 자연적인 요소, 그리고 인공적 물성이 주는 대비와 조화를 섬세하고 사실적으로 그려내는 작가로 평가받는다. 특히 자연과 대립하는 인공적 물성의 관계를 연결하는 지점에 항상 빛과 그림자를 끌어온다. 그의 작품에서 빛은 두 가지 물성의 경계를 의미한다. 빛의 존재로 인해 시간과 계절이 정해지고, 그림을 보는 우리는 기억 속에 저장된 경험으로 인해 특별한 공간으로 옮겨간 듯한 착각을 하게 된다.

빛의 과학이 이루어낸 업적인 카메라는 한때 회화의 세계관을 위협하는 요소였지만, 오히려 새로운 의미와 철학을 보여주고자 하는 화가들에게 더 큰 원동력을 제공하기도 했다. 그러면서 더욱 확장된 예술의 영역은 이 과학의 발명품과 상생하는 슬기로운 방법을 모색하게 된 것 같다. 빛은 오랜 인류 역사를 통해 과학과 예술의 경계를 허물고 통합하며 세계관을 확장해왔으며, 앞으로 더욱 다채롭고 위대한 도전들을 이루어나갈 것이다.

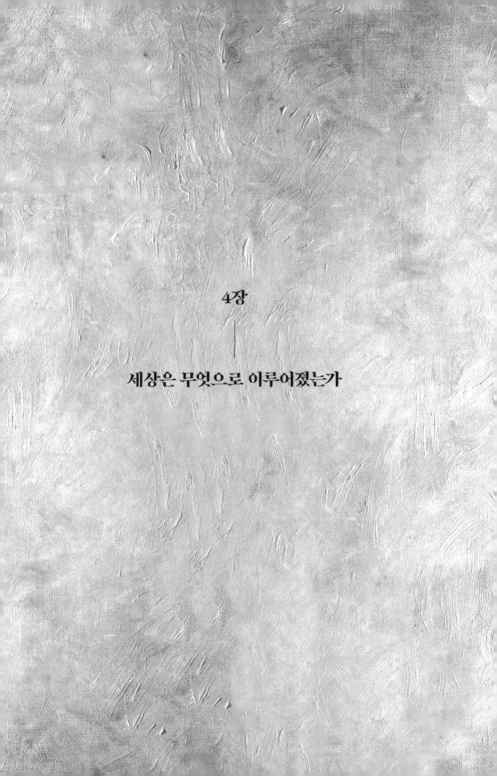

4장

—

세상은 무엇으로 이루어졌는가

"나는 과학에 위대한 아름다움이 있다고
생각하는 사람이다.
연구실 과학자는 단순한 기술자가 아니라
마치 동화처럼 자신에게 감명을 주는
자연현상 앞에 선 어린아이이기도 하다."

마리 퀴리

세상의 모든 물질을 쪼개고 쪼개면 원자로 이루어져 있다. 이 원자들의 조합에 따라 물질의 종류와 성질이 결정된다. 이 세상을 이해하기 위해서는 원자를 이해해야만 한다는 이야기다. 눈에 보이지도 않는 원자에 도대체 어떻게 접근해야 할까? 그 답은 바로 '빛'에 있다. 모든 물질은 원자로 이루어져 있고, 또 모든 원자는 한 개 이상의 전자와 원자핵을 갖고 있다. 어떤 물질에 열을 가하거나 전류를 흐르게 하는 등의 자극을 가했을 때 빛이 나오는 이유는 그 물질을 구성하는 원자 내부의 전자들이 안정적인 상태를 유지하기 위해 가지고 있던 에너지를 내보내기 때문이다. 과학자들은 전자가 내보내는 빛의 파장과 세기를 보면서 원자와 원자로 이루어진 세계를 이해하기 위한 실마리를 얻었다.

이러한 원자의 세계를 설명하는 과학이 '양자역학'이다. 현대의 빛은 양자역학으로부터 시작한다. 오늘날의 텔레비전, 스마트폰, 네온사인 간판 등 현대 기술로 만들어진 모든 빛은 기저에 양자역학을 품고 있다. 양자역학의 핵심 원리에서 가장 중요한 역할을 하는 것은 전자 운동과 빛 에너지이다. 과학자들은 원자와 반응할 때의 빛 에너지의 변화를 토대로 전자 운동에 대한 여러 가지 가설을 세웠고, 수차례의 반박과 증명을 거쳐서 전자 운동과 빛 에너지의 상호작용으로 나타나는 현상을 수학적으로 설명하기 위한 함수를 도출해냈다. '파동함수'라고도 하는 이 함수에 따르면, 양자역학의 세계에서는 이른바 '불확정성의 원리'에 따라 원자의 각 상태에서 주어진 순간에 전자의 운동량에 따른 에너지값은 알 수 있지만 그 위치는 정확하게 확정할 수 없다. 전자의 위치, 즉 원자 내부에 전자들이 어떻게 분포되어 있는지는 확률적으로만 알 수 있다.

원자의 세계에서는 영원히 결정된 것이란 없으며 모든 존재는 확률로서만 존재한다. 양자역학의 이러한 세계관은 문득 '내가 살아가는 세상을 온전히 이해한다는 것이 가능할까'라는 의문을 갖게 한다. 세상에 대한 나의 이해가 옳은 것인지 확신할 수 없다면 그래도 이해한 것이라고 할 수 있을까. 이러한 의문은 어쩔 수 없이 세상을 바라보는 관점을 환기하고 다시금 모든 존재에 대한 가장 근원적인 접근으로 돌아가도록 이끈다.

양자역학의 세계관이 밀려 들어오던 20세기 초반 과학자들은 "모든 것을 의심하라"라는 근대 철학자 르네 데카르트^{René Descartes}의 대명제를 다시 한 번 떠올렸다. 원자의 세계를 이해하기 위해서는 물질에 대해 생각하는 방식을 근본적으로 바꿔야 했기 때문이다. 그리고 비슷한 시기에 미술계에서도 대상을 해체함으로써 형태의 본질을 포착하려는 움직임이 본격적으로 시작되었다. "모든 사물의 본질에는 가장 기본적인 조형적 요소만이 남는다"라고 믿었던 세잔의 영향을 받은 피카소는 시간과 공간을 초월하는 상상력에 의해 재구성된 기하학적 세계를 선보이며 입체주의 흐름을 이끌었다.

네덜란드 화가 피트 몬드리안^{Piet Mondrian}은 모든 사물을 몇 가지 도형으로 치환해 자연의 본질에 이르고자 했던 피카소의 실험을 더 밀고 나아가 하늘, 나무, 수평선과 같은 자연을 구성하는 기본 요소들을 극도로 절제된 선과 색채로 표현해냈다. 몬드리안이 그려낸 세계는 비례와 균형만으로 모든 법칙이 명쾌하게 설명된다는 점에서 양자역학의 비정형적인 세계관과도 맥을 함께한다.

과학자들이 보이지 않는 원자의 세계를 이해하기 위해 불확정성, 이중성, 양자화와 같은 까다로운 물리학적 상상력을 동원했던 것처럼, 미술가들은 사물과 자연의 본질을 포착함으로써 세계가 존재하는 방식을 이해하기 위해 예술적 감각과 상상력을 극단으로 몰고 가기를 주저하지 않았다.

'세상은 무엇으로 이루어졌는가'라는 질문에 대한 답을 찾기 위해 우리도 가능한 모든 상상력을 발휘해 빛과 원자의 세계로 항해를 떠나보자. 이름 자체도 더 이상 쪼갤 수 없다는 뜻의 그리스어 'atoms'에서 유래한 만큼 가장 작은 입자 단위인 줄 알았던 원자atom 내부에 전자와 원자핵이 있다는 사실을 받아들이는 데서부터 난관일 테지만, 그래도 괜찮다. 저명한 물리학자인 리처드 파인먼Richard P. Feynman도 "다른 건 몰라도 양자역학을 제대로 이해하는 사람이 이 세상에 단 한 명도 없다는 것만은 자신 있게 말할 수 있다"라고 했으니 말이다.

"모든 것은 원자로 이루어져 있다"

빛에 대한 현대적인 해석은 필연적으로 원자에 대한 이해를 필요로 한다. 원자의 구조와 움직임을 인지하도록 해주는 매개가 바로 빛이기 때문이다. 이 세상에서 가장 중요한 단 하나의 문장을 남겨야 한다면 어떤 문장을 남길 것인가 하는 질문에 미국의 물리학자 리처드 파인먼은 이렇게 즉답했다. "모든 것은 원자로 이루어져 있다." 양자역학은 바로 이 원자를 이해하고 설명하려는 여러 과학자의 노력과 도전, 수많은 가설과 실험을 통해 탄생했다.

물리학이라는 이름만 들어도 고개를 절레절레 흔드는 사람이라고 해도 모든 물질을 구성하는 가장 작은 단위가 '원자'라는 사실 정도는 알고 있을 것이다. 원자는 물질의 최소 단위지만, 내부 구조를 보면 전자와 원자핵으로 이루어져 있고 원자핵은 다시 양성자와 중성자로 이루어져 총 세 가지 기본 입자로 구성되어 있다. 과학자들은 눈으로 직접 볼 수 없는 원자의 내부 구조를 이해하기 위해 '원자모형atomic model'을 만들고 이를 수식과 실험을 통해 증명하고자 했다. 18세기부터 20세기까지 존 돌턴John Dalton, 조지프 존 톰슨Joseph John Thomson, 어니스트 러더퍼드Ernest Rutherford, 닐스 보어Niels Bohr가 각각의 원자모형을 만들었고, 에르빈 슈뢰딩거Erwin Schrödinger와 베르너 카를 하이젠베르크를 거쳐 현대의 전자

구름electron cloud 모형에 다다랐다.

돌턴은 원자를 더 이상 쪼갤 수 없으며 화학적으로 서로 반응하지 않고 분해되지 않는 단단한 공 모양의 입자로 설명했다. 그런데 분광학이 발전하고 원소주기율표가 만들어지면서 원자마다 고유한 색의 빛을 내보낸다는 사실이 밝혀지자 과학자들은 그 이유가 원자 내부의 구조에 있을 것이라 보고 더욱 관심을 두게 되었다.

이후에 톰슨은 진공관으로 음극선 실험을 하던 중 음전하를 띤 입자를 발견했고, 이 입자에 자석을 대고 자기장을 걸어주었더니 특정 방향으로 움직인다는 것을 확인했다. 이것이 바로 '전자electron'였다. 그런데 전자가 음전하라면 어떻게 원자가 중성일 수 있을까. 톰슨은 원자 내부에 양전하가 퍼져 있고 군데군데 음전하의 전자가 떠다니는 모형을 떠올렸다. 이는 마치 균일한 밀도를 가진 빵 반죽에 건포도가 박혀 있는 것처럼 보여서 '건포도 푸딩 모형'이라고도 불렸다.

톰슨의 제자였던 러더퍼드는 원자 내부에 양전하가 그렇게 골고루 분포하지 않을 것이라며 톰슨 모형의 문제점을 제기했다. 그는 매우 얇은 금박지에 방사선의 일종인 알파 입자를 쏘는 실험을 진행했다. 대부분의 알파 입자는 금박지를 투과했지만, 극히 일부는 마치 고체에 부딪힌 것처럼 튕겨 나와 다른 방향으로 진행

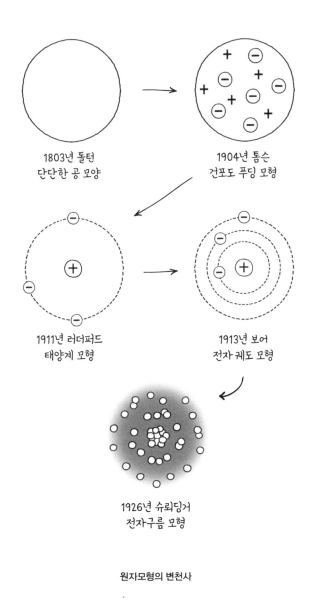

1803년 돌턴
단단한 공 모양

1904년 톰슨
건포도 푸딩 모형

1911년 러더퍼드
태양계 모형

1913년 보어
전자 궤도 모형

1926년 슈뢰딩거
전자구름 모형

원자모형의 변천사

했다. 알파 입자는 전자 입자보다 7,500배나 무거운데 튕겨 나온다는 것이 말이 안 되었다. 그는 원자 중심부에 전자 입자보다 더 무겁지만 부피는 매우 작으면서 양전하를 띤 입자 덩어리가 있으리라 생각했고, 그것을 '원자핵'이라고 불렀다. 원자의 중심부에 단단한 원자핵이 자리 잡은 모습을 떠올리자 그다음은 전기적으로 중성 상태를 유지하기 위해 전자 입자들이 마치 태양계를 도는 행성처럼 원자핵 주변을 돌고 있는 모습이 그려졌다. 러더퍼드의 원자모형은 그렇게 완성되었다.

100년 가까이 더 이상 쪼갤 수 없는 가장 작은 입자인 줄 알았던 원자 안에 전자와 원자핵이 존재한다는 것을 발견했지만 미시 세계를 향한 문은 기대만큼 활짝 열리지 않았다. 사실 러더퍼드의 원자모형에는 커다란 문제점이 있었다. 양극과 음극이 서로 끌어당긴다는 것은 이미 밝혀진 사실이었다. 원운동을 하는 입자가 구심력에 의한 가속도를 가지므로 결국 핵과 충돌하게 된다는 것 역시 마찬가지였다. 그렇다면 원자핵이 전자를 끌어당기고, 원자핵과 전자 사이의 진공이 사라져 결국에는 세상 전체가 사라지게 된다는 결론을 얻을 수밖에 없었다. 러더퍼드 자신도 결국 이 문제를 설명하지 못하고 한계에 봉착했다.

보어의 원자모형과 불연속적 선스펙트럼

닐스 보어가 러더퍼드의 원자모형에서 가장 주의 깊게 살핀 것은 전자가 어떤 모습으로 있는가 하는 부분이었다. 그러다가 요한 발머Johann J. Balmer의 선스펙트럼과 막스 플랑크Max Planck의 흑체 복사black body radiation 이론에서 중요한 실마리를 찾을 수 있었다.

먼저 발머의 선스펙트럼은 기체 상태의 수소를 방전시켜 발생한 빛을 프리즘에 통과시켜 얻은 것이었다. 태양광은 여러 파장의 빛을 방출하기 때문에 연속적인 스펙트럼으로 나타나지만, 수소는 특정 파장의 빛만 방출하기 때문에 몇 개의 선으로만 스펙트럼이 나타났다. 특정 파장의 빛만 방출한다는 것은 특정 에너지값만 갖고 있다는 것을 의미한다. 원자 내부의 전자는 높은 에너지

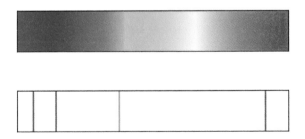

태양광의 연속스펙트럼(위쪽)과 수소의 선스펙트럼(아래쪽)

값을 가진 궤도에서 낮은 에너지값을 가진 궤도로 이동할 때 두 에너지값의 차이만큼 빛을 방출한다.

러더퍼드의 원자모형대로 가정을 해보자면, 원자핵 주위를 도는 전자는 중심부에 가까워질수록 에너지 준위가 낮아지면서 빛을 방출할 것이다. 하지만 원을 그리며 가속 운동을 하는 전자는 빛을 방출하면서 계속 에너지를 잃게 되고 결국 원자핵에 흡수되어 폭발하게 된다. 게다가 연속해서 빛을 방출한다면 빛 파장대가 연속적인 스펙트럼을 보이기 때문에 수소 원자의 불연속적인 선 스펙트럼을 설명할 수 없다.

보어는 여기에서 다시 플랑크의 흑체 복사 이론에서 "빛의 에너지는 연속적인 값이 아니라 어떤 단위 값의 정수배가 되는 특정한 값만을 가진다"라는 설명을 떠올렸다. 흑체 복사 실험은 모든 진동수 영역의 빛 에너지를 흡수하고, 자신이 흡수한 에너지를 모두 빛 에너지의 형태로 방출하는 물체인 흑체를 이용해 온도에 따라 빛의 방출량이 어떻게 달라지는지 그 상관관계를 밝히려는 것이었다. 플랑크는 흑체에 계속해서 열을 가해도 빛 에너지가 무한대로 방출되지 않는 것을 발견했는데, 이는 당시의 열역학 이론으로는 설명되지 않는 것이기 때문에 무척이나 난감했다. 실험을 거듭한 결과 마침내 흑체를 가열했을 때 빛의 모든 파장이 아닌 특정 파장만 방출된다는 것을 확인했고, 이것으로 빛 에너지가 연속적인 값이 아닌 어떤 단위 값의 정수배가 되는 특정 값을 불연속적으로 가지는 이유를 설명할 수 있었다. 이러한 에너지의 불연속성을 설명한 플랑크의 이론은 보어의 원자구조 이론과 더불어 양자역학이 성립하는 중요한 토대가 되었다.

플랑크의 이론 덕분에 보어는 원자 내부의 전자 역시 불연속적인 에너지값을 가진다는 가설을 세울 수 있었다. 보어의 원자모형에서 전자는 원자핵 주위를 그냥 빙빙 도는 것이 아니라 특정 에너지값을 가진 궤도를 따라 돌고 있다. 전자는 자신이 존재하는 궤도에 해당하는 에너지값을 가진다. 전자가 한 궤도에서 다른 궤도로 이동하면 두 궤도의 에너지값 차이로 인해 빛을 방출하거나 흡수한다. 전자는 궤도를 벗어나지 않고 궤도에서 궤도로만 이동하고, 궤도에 있는 '정상 상태'에서는 에너지를 방출하거나 흡수하지 않는다. 원자핵에 가장 가까운 궤도가 가장 낮은 에너지값을 갖고 있고 이 궤도를 기준으로 중심에서 멀어지며 기준값의 정수배가 되는 값을 갖는다. 각 궤도가 갖는 에너지값이 불연속적이라서 궤도를 이동할 때 전자가 방출하는 에너지값도 불연속적이다. 또 전자는 궤도를 이동할 때 연속적으로 이동하는 것이 아니라 '팍' 하고 사라졌다 '팍' 하고 나타나는 방식으로 이동한다. 보어는 막스 플랑크가 처음 발견한 '양자 도약quantum jump' 현상을 자신의 원자모형에 가져와 결합했다.

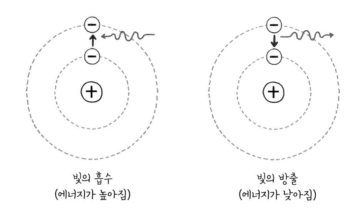

빛의 흡수
(에너지가 높아짐)

빛의 방출
(에너지가 낮아짐)

보어의 원자모형에 따른 빛의 흡수와 방출

　전자는 원자핵에 가깝고 에너지가 낮은 궤도에 있을수록 안정적인데, 이를 '바닥 상태ground state'라고 표현한다. 전자는 궤도에서만 움직이기 때문에 바닥 상태에 있더라도 원자핵에 달라붙지 않는다. 바닥 상태에 있던 전자가 에너지를 흡수하면 원자핵으로부터 멀어져 에너지가 높은 궤도로 이동할 수 있다. 이렇게 높은 에너지를 가진 상태는 매우 불안정해서 '들뜬 상태excited state'라고 표현한다. 자연은 항상 안정된 방향으로 가려고 하는 습성이 있다. 들뜬 상태에 있던 전자는 안정된 바닥 상태로 내려가고 싶어 하는데, 내려가면서 다시 에너지가 낮아지기 때문에 빛을 방출하게 된다. 이러한 보어의 원자모형대로라면 전자가 궤도를 불연속적으로 이동하면서 에너지를 띄엄띄엄 끊어진 상태로 방출하기 때문에 연속스펙트럼이 아닌 불연속의 선스펙트럼이 나타나는 현상을 설명할 수 있다.

전자가 존재할 확률, 전자구름 모형

보어의 원자모형에서 원자핵은 태양처럼 빛나고 전자들은 태양계의 행성처럼 궤도를 따라 돈다. 보어는 이 모델을 바탕으로 1913년 원자구조 이론을 발표했고, 그 공로로 1922년에 노벨물리학상을 받았다. 보어는 이 세상을 이루는 가장 근본적인 물질인 원자의 세계로 들어가는 문을 열어주었다. 원자구조 이론은 1932년 영국의 물리학자 제임스 채드윅James Chadwick이 원자핵 안에 중성자도 있다는 것을 발견하면서 완성되었다. 중성자의 발견으로 원자를 이루는 기본 입자인 양성자, 중성자, 전자의 존재가 모두 밝혀진 것이다.

물론 보어의 원자모형도 완전한 것은 아니었다. 보어의 제자인 하이젠베르크는 무엇보다 '전자 궤도'에 커다란 의구심을 가졌다. 전자가 왜 궤도를 따라 도는지, 궤도를 돌다가 왜 갑자기 이동하는지 이해하기 어려웠다. 하이젠베르크는 "관측되지 않은 것은 과학이 아니다"라는 철학자 에른스트 마흐Ernst Mach의 말을 떠올렸다. 그리고 실제로 눈으로 확인한 것은 전자 궤도가 아니라 빛의 방출로 인해 선스펙트럼에 나타난 전자의 진동수와 세기라는 것에 주목했다. 보어의 원자모형에서 전자 궤도를 지워버리고 대신 전자의 진동수와 세기를 계산할 수 있는 방정식을 고안했다. 행렬역학이라고 불린 이 방정식을 대입해본 결과 입자의 위치와 운동량을 동시에 관측하는 것은 불가능하다는 것을 알게 되었고, 따라서 전자가 빛을 방출하는 현상을 수학적으로 설명하기 위해서는 전자의 위치를 특정할 수가 없다는 결론에 이르렀다. 이것이 하이젠베르크가 1926년에 발표한 '불확정성의 원리'이다. 이 불확정성의 원리에 따르면 전자가 원자핵 주위의 특정 궤도에 있다는 것은 성립될 수 없는 가설이었다.

하이젠베르크가 전자 궤도 없이 수소 원자 선스펙트럼을 설명하면서 과학계가 떠들썩해진 바로 그해에 에르빈 슈뢰딩거는 "전자는 파동이다"라는 점을 전제로 하이젠베르크와는 다른 방정식을 만들고 전자 궤도를 다시 살려놓았다. 슈뢰딩거의 파동함수는 전자가 특정 궤도에 있는 이유도 설명해주었다. 하지만 전자의 불연속적인 이동, 즉 양자 도약 현상을 설명하지 못하면 선스펙트럼을 설명할 수 없었다. 슈뢰딩거는 여기에서 막혔다.

여기에 '확률'을 대안으로 제시한 것은 하이젠베르크의 지도교

수인 막스 보른^{Max Born}이었다. 막스 보른은 슈뢰딩거의 파동함수를 통계적으로 해석해 우리는 어떤 궤도에서 전자를 발견할 확률만 알 수 있다고 설명했다. 전자를 발견할 확률은 오비탈^{orbital}이라는 함수로 나타냈다. 확률에 대한 해석을 담은 오비탈 함수는 전자의 불연속적 이동을 기술할 수 있을 뿐만 아니라 특정 원소에서 특정 파장대의 빛만 방출되는 선스펙트럼도 설명할 수 있다.

보어의 원자모형은 하이젠베르크와 슈뢰딩거를 거쳐 1920년대 말 현대의 '전자구름' 모형으로 대체되었다. 보어의 원자모형과 전자구름 모형의 가장 큰 차이는 전자의 위치를 알 수 있느냐 하는 것에 있다. 보어의 원자모형에서는 전자의 위치를 항상 알 수 있었다. 반면에 전자구름 모형에서는 전자의 위치를 알 수 없고 전자가 존재할 확률만 알 수 있다. 전자들이 어느 궤도에 있는지 정확한 위치를 알 수 없으므로 전자들의 분포는 마치 원자핵을 둘러싸고 있는 구름과 같은 형태로 표현할 수 있다. 그래서 이것을 전자구름이라고 부른다. 전자구름 모형에서 점은 전자를 의미하는 것이 아니라 전자가 존재할 확률을 의미한다. 점이 안 찍힌 곳마저도 전자가 존재할 수 있다.

'세상은 무엇으로 이루어졌는가?'라는 질문에 대한 답을 찾기 위한 과학자들의 끊임없는 노력과 도전은 여러 원자모형의 변천사와 더불어 양자역학이 성립하는 발판이 되었다. 양자역학은 고전

물리학으로는 설명할 수 없었던 여러 자연현상과 물질의 세부적인 성질을 이해할 수 있는 기반이 되었다. 양자역학은 물리의 세계를 바라보는 우리의 관점을 혁명적으로 바꿔놓았을 뿐만 아니라 빛의 세계에 새로운 차원으로 접근할 수 있는 통로를 마련해주었다.

태양광 스펙트럼을 분석하면 알 수 있는 것

보어가 자신의 원자모형을 설명하기 위해 도입한 가장 중요한 개념은 '양자quantum'이다. 양자라는 개념은 플랑크가 "에너지는 어떤 연속된 값으로 존재하지 않고 아주 작은 에너지의 최소 단위인 '양자'의 정수배로 존재한다"라는 양자가설quantum hypothesis을 제안하며 처음 사용했다. 양자는 '헤아릴 수 있는 최소의 물리량'을 의미한다. 물리량이 '양자화'된다는 것은 최소량의 정수배로 띄엄띄엄한 값을 갖는다는 것을 의미한다. 이는 물리량이 연속적인 값을 가지며, 0이 아니지만 임의로 작은 값을 가질 수 있다는 고전역학의 믿음과는 배치되는 것이었기 때문에 처음 제기되었을 때 많은 저항을 불러일으켰다.

좀 더 직관적으로 양자의 개념을 이해하기 위해 다음 그림처럼 임의의 선을 떠올려보자. 고전물리학에서는 위쪽처럼 '연속적'으

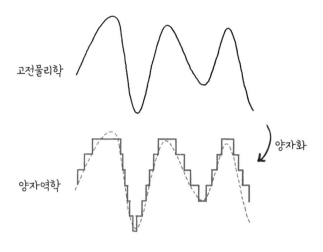

양자화 세계에서 보이는 선

로 선을 그리는 게 가능하다. 그러나 양자 세계에서 볼 때 선은 일정한 간격의 값으로만 표현할 수 있어서 아래와 같이 '불연속적인' 계단 모양으로 그려야 한다. 양자화 개념의 세계에서는 높이가 일정한 레고 블록으로 만든 듯한 고양이의 모습도 상상해볼 수 있을 것이다.

원자와 더불어 빛 역시 양자의 성격을 가지며, 그래서 빛을 광자photon 혹은 광양자light quantum라고도 부른다. 파동으로서의 빛이 전자기파라면, 입자로서의 빛은 광자인 셈이다. 빛의 양자화를 보여주는 첫 번째 증거는 1802년 영국의 과학자 윌리엄 울러스턴

양자화 개념을 보여주는 블록으로 만든 고양이

William H. Wollastone이 관찰한 태양광 스펙트럼의 검은 선에서 나왔다. 울러스턴은 프리즘을 통해 분산한 태양광에서 연속적인 무지개색을 관찰한 뉴턴의 모델에 렌즈를 추가해 좀 더 개선된 형태로 태양광을 분산할 수 있는 기구를 만들었다. 이 기구를 이용한 태양광 스펙트럼에서 울러스턴은 뜻밖에도 여섯 개의 검은 선을 발견했다. 태양광의 무지개색이 연속적이고 균일하게 퍼지는 것이 아니라, 중간에 듬성듬성 조각이 빠진 것처럼 어두운 띠가 보였다. 태양광이 지구에 도달하는 과정에서 태양을 둘러싼 기체를 통과할 때 이 기체가 특정 파장의 빛을 흡수한다. 기체가 흡수한 파장대의 빛은 지구까지 도달하지 못했기 때문에 해당 부분이 어둡게 보여 검은 선으로 나타난 것이다. 울러스턴의 실험은 태양광을 나누었을 때 모든 색이 연속으로 이어져 있지 않고 특정 색이 띄엄띄엄 나타나는 현상으로 정리되었으며, 이는 양자역학 기반의 분광학이 성립하는 기반이 되었다.

분광학의 토대를 마련한 또 다른 과학자는 독일의 요제프 프라운호퍼Joseph von Fraunhofer이다. 프라운호퍼는 원래 망원경이나 현미경에 들어가는 렌즈를 만드는 장인이었다. 그는 큰 공 모양의 유리 표면을 잘 갈아내 일정한 값의 굴절률을 갖는 좋은 품질의 유리를 연마하는 일에 몰두하고 있었다. 그 과정에서 램프와 프리즘을 이용해 특정 색의 빛을 분리해 유리에 비추어 굴절률을 알아내는 데 사용하기도 했다. 프라운호퍼는 자신이 만든 분광기에 램프의 빛이 아닌 태양광을 넣어 스펙트럼을 살펴봤다. 그 결과 태양광 스펙트럼의 불규칙한 파장대에 500개가 넘는 검은 선들이 존재한다는 것을 알게 되었다.

울러스턴과 프라운호퍼가 태양광 스펙트럼에서 발견한 검은 선의 존재는 특정 물질이 특정 파장대의 빛을 방출하거나 흡수한다는 사실을 알려주는 것이기도 했다. 거꾸로 어떤 물질이 어떤 파장대의 빛을 방출하거나 흡수하는지 알게 된다면 그 물질을 구성하는 원자에 대해서도 알 수 있었다. 이렇게 빛의 스펙트럼을 분석해 물질의 고유한 특성을 연구하는 분야가 바로 분광학이다. 이러한 원리를 정립하고 분광분석법을 개발한 것은 독일 물리학자 구스타프 키르히호프Gustav R. Kirchhoff와 독일 화학자 로베르트 빌헬름 분젠Robert Wilhelm von Bunsen이었다. 키르히호프와 분젠은 금속을 불꽃에 넣고 분광기로 관찰해서 스펙트럼에 나타나는 고유한 선의 파장으로 원소를 분석했다. 이러한 분광분석법을 통해 두 사람은 루비듐Rb과 같은 새로운 원소를 발견하기도 했다. 물론 키르히호프와 분젠도 당시에는 원소별로 서로 다른 선스펙트럼이 나오는 이유에 대해서는 알지 못했다. 그 근본적인 이유는 나중에서야 보어의 원자모형을 통해서 밝혀졌다.

현미경으로 미시세계를 탐험하다

전자구름 모형이 처음 만들어졌을 때만 해도 우리는 원자의 존재를 확률적으로만 알 수 있었지만, 이제는 전자 현미경을 통해 눈으로 직접 볼 수 있다. 1981년 스위스 취리히의 IBM 연구소에서 일하던 독일 물리학자 게르트 비니히Gerd Binnig와 하인리히 로러Heinrich Rohrer가 개발한 주사터널링현미경STM, scanning tunnerling microscope이라는 장치 덕분이다. 이 장치는 원자를 관찰할 수 있을 뿐만 아니라 움직이거나 깎아낼 수도 있다. 두 과학자는 1986년에 독일 과학자 에른스트 루스카Ernst Ruska와 함께 노벨물리학상을 수상했다. 루스카는 최초의 전자 현미경을 개발했을 뿐만 아니라 평생 전자 현미경의 성능을 개선하는 데 헌신했다고 한다. 전자 현미경은 빛과 렌즈를 사용하지 않기 때문에 광학 현미경이 갖는 회절 한계가 없다. 덕분에 우리는 절대 볼 수 없을 것으로 여겼던 원자의 세계까지 간접적으로나마 볼 수 있게 되었다.

그런데 엄밀하게 말해 인류를 미시세계로의 탐험으로 처음 이끌어준 것은 전자 현미경이 아니라 광학 현미경이다. 1600년대 후반 영국의 과학자 로버트 후크Robert Hooke는 최초의 현미경을 만들고 관찰한 것들을 그림으로 그려《마이크로그라피아Micrographia》라는 책으로 펴내기도 했다. 당시 렌즈로 물체를 확대해서 보는 다른 기구들이 이미 제작되고 있었지만, 오늘날의 현대적인 광학 현미경과 가장 유사한 모습을 지닌 것은 후크가 개발한 현미경이었다.

《마이크로그라피아》에는 후크의 친구인 크리스토퍼 렌Christopher Wren이 그렸다고 알려진 섬세한 그림과 현미경으로 미생물을 관찰한 결과들이 매우 쉽게 쓰여 있다. 대표적인 성과는 그가 코르크에 있는 미세한 벌집 모양의 구조를 현미경으로 관찰하고 이 비어 있는 방 모양의 구조에 '세포cell'라는 이름을 붙인 것이다.

《마이크로그라피아》에 소개된 후크의 현미경

비슷한 시기에 네덜란드의 미생물학자 안토니 판 레이우엔훅 Antonie van Leeuwenhoek도 현미경을 만들어 많은 미생물을 관찰하고 그림으로 남겼다. 그는 렌즈를 갈아서 여러 가지 현미경을 직접 만들었고, 주변에서 구할 수 있는 모든 식물과 미생물을 관찰했다. 식물의 씨앗과 배아 구조를 들여다보았고, 인간의 정자와 적혈구 세포를 발견하기도 했다. 그는 호수에서 떠온 물에서 수많은 생명체를 관찰하고 발표했다.

후크와 레이우엔훅이 발명한 현미경은 산업혁명의 바람을 타고 유럽 전역으로 퍼져나갔으며, 덕분에 더 많은 사람이 현미경의 유용함을 누릴 수 있었다. 프랑스 화학자 루이 파스퇴르Louis Pasteur는 탄저균, 결핵균과 같은 세균이 질병의 원인임을 밝혀냄으로써 수많은 사람을 고통에서 구해냈는데, 여기에 현미경이 결정적인 역할을 했다.

현미경이라는 이 멋진 도구는 금속이라는 물성이 주는 차가움과 다소 복잡한 듯하지만 최소한의 기능만을 수행하는 작은 부속품들이 단단하게 탑재된 형상만으로도 충분히 기품 있는 매력을 풍긴다. 모든 작은 부속품들이 존재 이유를 가지고 조직적으로 결합해 각자의 몫을 해낸다. 겹겹이 놓인 작은 유리 렌즈들을 지나 이 작은 세계에 도달한 빛이 다시 우리의 눈으로 들어와 그 형상을 알려주기까지의 원리는 매우 단순하면서도 직관적이다.

현미경이라는 작은 창 속에는 또 다른 우주가 들어 있다. 이 작은 창을 들여다보지 않았다면 우리는 그런 새로운 세상이 있는지조차 알지 못했을 것이다. 그 작은 세상에서 호기심과 함께 출발한 빛이 미시세계라는 또 다른 우주를 우리에게 소개해주었다.

양자화된 세계에서 펼쳐지는 빛의 향연

미국 애리조나주 북부의 그랜드캐니언은 말 그대로 거대한 협곡으로 복잡한 단층 모양의 절리와 깊은 계곡들이 교차로 반복되

양자화된 세계의 단면을 떠올리게 하는 그랜드캐니언 협곡

어 빼어난 경관을 자랑한다. 그랜드캐니언의 협곡 측면은 수십 개의 계단이 이어진 듯한 형상을 보여주는데, 이는 콜로라도강 주변 지형의 반복된 융기와 침식으로 인해 오랜 세월에 걸쳐 만들어진 것이다. 콜로라도강의 급류가 깎아낸 불연속적 계단 모양의 협곡은 양자화된 세계의 단면을 떠올리게 한다.

그랜드캐니언 협곡은 얼핏 보기에도 너무 험준해서 인간의 발길을 쉽게 허락하지 않을 듯하다. 이 협곡의 계단을 자유롭게 오르내릴 수 있는 것은 다양한 파장을 지닌 빛이 유일하지 않을까. 그러면 양자화된 세계에서 빛이 어떻게 움직이는지 좀 더 살펴보자.

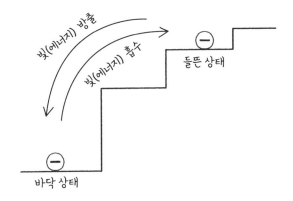

에너지 계단을 오르내리면서 빛을 흡수하거나 방출하는 전자

전자는 어떤 에너지 계단에서 다른 에너지 계단으로 이동할 때 빛을 흡수하거나 방출한다. 전자는 높은 에너지 계단에 있을 때 들뜬 상태가 되면서 불안정하다. 들뜬 상태에 있던 전자는 다시 바닥 상태로 내려가면서 계단 높이만큼의 에너지를 방출한다. 원소에 따라 계단의 절대높이는 정해져 있어서 특정한 계단 사이만 오갈 수 있다.

원자는 최신 전자 현미경이 아니면 볼 수도 없는 초미세 입자이다. 우리는 원자의 실체를 주로 내부에서 방출되는 빛 에너지를 통해 확인한다. 그런데 빛 에너지가 가진 양자적인 특성, 즉 에너지의 불연속성은 때로 화려한 빛의 마술을 부려 우리 눈을 즐겁게 해주기도 한다.

금속 화합물을 태우면 화합물 구조에 따라 여러 파장의 빛들이 방출되는데, 이 원리를 이용해 불꽃놀이를 할 수 있다. 원소마다 방출하는 고유의 빛깔은 원소주기율표에 의해 거의 밝혀져 있다. 예를 들어 스트론튬^{Sr}은 붉은색, 나트륨^{Na}과 구리^{Cu}는 각각 노란색과 청록색, 칼륨^{K}은 보라색을 낸다. 금속 원소를 기본으로 하고 여기에 과염소산칼륨^{KClO_4}과 같이 산소가 많이 발생하도록 돕는 산화제를 함께 섞으면 금속 화합물의 연소를 도와 불꽃이 더욱 밝게 보인다.

밤하늘을 아름답게 수놓는 불꽃놀이는 양자화된 세계에서 원자들이 보여주는 대표적인 빛의 향연이다. 현재까지 알려진 원소는 모두 118종이다. 118종의 원소가 모두 담긴 현재의 원소주기율표는 무려 150여 년에 걸쳐 완성된 것이다. 이 세상이 무엇으로 이루어졌는가에 대한 근원적인 탐구심이 빚어낸 성과라고 할 수 있다.

새벽하늘에 펼쳐지는 아름답고 신비로운 빛의 물결도 있다. 떠올리는 것만으로도 황홀함이 느껴지는 오로라이다. 라틴어 '새벽'에서 온 이름인 오로라는 로마 신화에서 새벽의 여신이며, 그리스 신화에서는 에오스라는 이름으로 불린다. 프랑스 화가 알퐁스 아폴로도르 칼레$^{Alphonse Apollodore Callet}$의 〈오로라의 기상〉에서 두 마리의 말이 끄는 금빛 전차를 탄 오로라는 장밋빛 손가락을 뻗어 밤

원소별로 다른 색으로 방출되는 빛 에너지가 만들어내는 불꽃놀이

의 장막을 걷어내고 아침이 오는 것을 알린다. 고대와 중세의 화가들에게 무지개가 신의 선물을 상징했던 것처럼 오로라는 '최초의 순수한 빛'을 상징했다. 하루를 시작하는 새로운 빛은 누구에게나 공평하게 주어지는 희망과 잠재력이기도 했다.

양자 세계에서 보자면 오로라 역시 안정적인 바닥 상태를 좋아하고, 낮은 에너지 계단으로 이동할 때 빛을 방출하는 전자의 특성이 반영된 현상이다. 그림에서 보듯이 태양은 음전하를 가진 전자와 양전하를 띤 이온으로 분리된 입자, 즉 플라스마를 계속해서 분출하는데, 이 플라스마의 연속된 흐름을 태양풍이라고 한다. 대부분의 태양풍은 자기권과 밴앨런대에 막혀 지구에 도달하지

알퐁스 아폴로도르 칼레, 〈오로라의 기상〉, 1803년

못한다. 밴앨런대는 지구의 양극을 중심으로 도넛 모양으로 구부러진 방사선대이다. 그런데 밴앨런대가 거의 존재하지 않는 극지방에서는 자기장으로 이뤄진 넓은 장막에 창문이 열려 있을 때와 같은 일이 일어난다. 열린 창문을 통해 일부 태양풍이 대기권으로 들어올 수 있게 되는 것이다.

대기권에 도달한 태양풍은 산소와 질소 등의 분자들과 충돌해 들뜬 상태로 만들고, 들뜬 상태의 분자들은 안정된 바닥 상태로 내려오고자 한다. 바닥 상태로 내려오는 분자들은 에너지 계단의

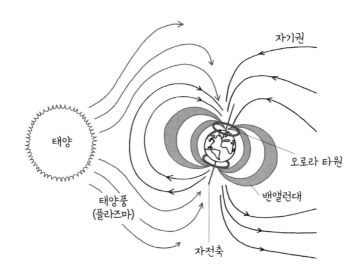

밴앨런대가 없는 극지방에 만들어지는 오로라 타원

높이에 해당하는 빛 에너지를 방출한다. 이 빛이 오로라이다. 오로라는 충돌한 공기 분자의 종류에 따라 다양한 색으로 나타난다. 지역에 따라 플라스마가 충돌하는 기체 분자의 상대적 분포가 달라져 초록색, 주황색, 푸른색, 붉은색, 보라색 등 다양한 빛깔의 오로라가 만들어진다. 오로라가 주로 초록색으로 보이는 것은 우리 눈이 초록색에 가장 민감하게 반응하기 때문이다. 위도 60~80도의 극지방에서 주로 나타나기 때문에 '극광'이라 부르기도 하며, 북반구에서는 '북쪽의 빛'이라고 부른다.

한밤중에서 새벽녘까지의 시간에 오로라를 관찰하기 좋은 이유는 이때 시야를 가리는 햇빛이 온전히 사라지기 때문이다. 오로라는 지구의 자전축을 중심으로 타원 모양의 띠를 이루며 생겨나는데, 지상에서는 이 타원이 세로로 빛이 내려오면서 연결된 커튼처럼 보인다. 기체와 충돌해 빛 에너지를 방출하는 입자가 하강하면서 세로 방향의 빛줄기를 보여주는 것이다.

오로라는 태양으로부터 출발한 빛의 연쇄 반응에 의한 결과물이기도 하다. 빛이 가지는 고유의 스펙트럼은 종종 음악의 다양한 높낮이에 비유되곤 한다. 다양한 음계와 멜로디가 하모니를 이루어 음악을 만들어내듯이 다양한 파장의 빛이 만들어낸 색들이 어우러져 그림을 그려낸다. 오로라 역시 자연이 그린 아름다운 그림이자 태양이 부르는 새벽의 노래인 셈이다.

세상에서 가장 귀한 파란색

물질 내부의 전자가 들뜬 상태에서 다시 낮은 에너지 상태로 돌아가면서 빛을 방출하는 것을 '발광'이라고 한다. 발광이 일어나도록 하는 요인은 빛, 열에너지, 화학반응, 전기장 등 여러 가지이다. 우리가 요즘 접하는 조명 기구나 디스플레이는 주로 반도체 소자에 전기장을 가해 발광하게 하는 원리로 만들어진다. 반도체

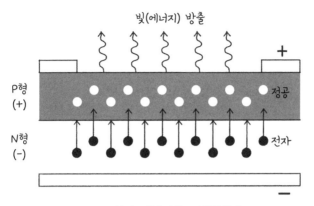

빛(에너지) 방출

P형
(+)

정공

N형
(-)

전자

+

−

LED의 반도체 소자 구조와 발광 원리

가 전기 에너지를 빛 에너지로 바꿔주는 역할을 하는 것이다. 최근에는 전파나 전압을 가하면 스스로 빛을 내보내는 초미세 반도체 나노 입자인 퀀텀닷quantum dot이 초고해상도 디스플레이를 위한 발광 물질로 많이 이용된다.

'빛의 반도체'라 불리기도 하는 LEDLight Emitting Diode도 발광 반도체 소자이다. LED로 전구도 만들고 디스플레이도 만든다. 특히 LED 전구는 에너지 효율이 높고 수명이 길며 친환경적인 광원으로 주목받고 있다. 금속 성분의 필라멘트를 가열해 빛을 방출하는 백열등은 금세 뜨거워지고 수명도 짧다. 유리관의 수은가스가 방출한 자외선으로 형광 물질을 자극해 빛을 생성하는 형광등은 백열등보다는 효율이 높지만 전기 소비량이 높고 수은과 같은 유해 물질을 사용한다는 단점이 있다.

이렇게 여러모로 유용한 LED를 광원으로 사용하기 시작한 것은 1950년대부터지만, 지금 우리가 가정이나 사무실 등에서 흔히 사용하는 백색광의 LED 전구가 상용화된 것은 수십 년이 지난 1990년대 초이다. 태양광과 같은 백색광을 만들려면 빛의 삼원색인 빨강·초록·파랑의 세 가지 광원이 모두 필요하다. 그런데 이전까지 빨간색, 초록색, 주황색, 노란색 등의 LED는 개발했지만 유독 파란색 LED만 개발하지 못한 상황이었다. 그러면 왜 파란색 빛을 만드는 LED를 개발하는 것이 어려웠을까?

LED의 구조를 살펴보면, 전자가 많아 음의 성질을 띠는 전극층(N형)과 정공이 많아 양의 성질을 띠는 전극층(P형)의 이종접합 구조로 된 반도체 소자이다. 샌드위치처럼 만들어진 두 개의 층에 전류를 걸면 음의 전극층에 있는 여분의 전자들이 양의 전극층으로 이동해 정공들과 충돌하면서 에너지가 발생하고, 이 에너지가 빛으로 방출된다. 여기에서도 물질 내부의 전자들이 에너지 계단을 오르내리며 계단 높이만큼 빛을 방출하는 원리가 똑같이 적용된다. 이때 빛의 파장, 즉 색깔은 반도체 소자에 어떤 물질을 주입했느냐에 따라 달라진다. 주로 갈륨비소^{GaAs}, 갈륨인^{GaP}, 갈륨비소인^{GaAsP}, 갈륨질소^{GaN} 등과 같은 화합물을 사용하는데, 이 화합물들이 지닌 에너지 준위가 각기 다르므로 생성되는 빛의 파장도 달라진다. 파란색 LED를 개발하지 못한 이유는 바로 파란색 빛의 파장을 가진 화합물을 찾아내지 못해서였다. 파란색 빛은 파장이 짧고 높은 에너지 준위를 필요로 하는데 이러한 조건에 부합하는 화합물을 찾기가 쉽지 않았다.

1992년 밝은 파란색의 LED를 개발하는 데 성공한 것은 세 명의 일본인 과학자였다. 그들은 수천 번의 실험을 거듭한 끝에야 반도체 소자에 질화갈륨GaN을 주입했을 때 파란색 빛을 방출한다는 것을 확인할 수 있었다. 그들의 끈질긴 도전 덕분에 비로소 세 가지 삼원색이 합쳐져 환한 백색광 LED가 만들어졌고, 백열등과 형광등의 단점을 극복한 진보된 새로운 광원이 주는 혜택을 세상 사람들이 누릴 수 있게 되었다. 2014년 노벨물리학상은 파란색 LED를 개발해 인류에 새로운 빛을 선사한 세 명의 과학자, 아카사키 이사무Akasaki Isamu와 아마노 히로시Amano Hiroshi, 나카무라 슈지Nakamura Shuji에게 수여되었다.

체셔 고양이의 웃음과 형태의 본질

루이스 캐럴Lewis Carroll의 동화《이상한 나라의 앨리스》에는 특이한 입 모양으로 히죽히죽 웃는 체셔 고양이가 등장한다. 이 고양이는 앨리스가 가는 곳마다 불쑥불쑥 나타나 아리송한 이야기를 하고는 말을 건네기도 전에 몸이 희미해지면서 사라져버린다. 희한한 건 고양이 몸이 사라졌는데도 웃고 있는 입 모양은 한참 남아 있다는 것이다. "고양이는 그렇게 대답했고 이번에는 아주 서서히 사라졌다. 꼬리 끝부터 사라지기 시작해서 씩 웃는 모습이 맨 마지막으로 사라졌는데, 씩 웃는 모습은 고양이의 나머지 부분이 다 사라진 뒤에도 한동안 그대로 남아 있었다."

존 테니얼John Tenniel이 그린 삽화 속의 체셔 고양이는 몸이 사라진 채 허공에서 웃음을 짓고 있다. 이 기묘한 고양이를 보며 앨리스는 "웃지 않는 고양이는 자주 봤지만, 고양이 없는 웃음이라니! 태어나서 이렇게 이상한 일은 처음이야"라고 외친다. 앨리스의 이 외침은 우리가 양자역학을 마주할 때의 마음을 대변해주는 듯하다. 사실 체셔 고양이는 양자역학을 설명하기에 가장 적절한 비유인지도 모른다. 몸이 사라졌을 때 웃음이 남아 있는 체셔 고양이에게 웃음이 본질이고 몸은 그 웃음이 머무는 물리적 실체이다. 물질과 물질이 가진 고유한 물성이 서로 분리되어 존재할 수 있다고 설명하는 양자역학에 딱 들어맞는 비유가 아닌가!

우리는 '세상은 무엇으로 이루어졌는가'라는 물음을 던지며 원자의 세계로 항해를 시작했다. 물론 "모든 것은 원자로 이루어져 있다"라는 답을 알고 있지만, 인간의 지각 능력을 넘어선 원자 차

존 테니얼, 《이상한 나라의 앨리스》 초판본 삽화, 1865

원의 아주 작은 세계에서 벌어지는 일들을 이해하기는 쉽지 않다. 주위를 둘러보면 사방 어디에나 원자가 있고 심지어 자신의 몸조차 원자로 이루어졌다고 하지만, 그 원자들이 세상의 모든 물질과 생명을 구성하고 바꾸고 진화시키기 위해 움직이는 방식은 일반적인 물리적 상식과는 거리가 먼 것이기 때문이다. 아니, 어떻게 실체와 분리된 (실체가 없는) 존재가 있다는 말인가! 하지만 이제 원자의 세계에서 일어나는 현상을 설명하는 새로운 과학, 즉 양자역학을 이해하지 못한 채 이 세상을 설명하는 것은 불가능하다. 양자역학을 몰라도 되는 세상 같은 것도 없다. 우리가 이해하든 이해하지 못하든 지금 이 순간도 양자역학은 완벽하게 작동하고 있다.

그렇다면 양자역학의 모호함과 어려움에 대해서는 잠시 내려놓고, 신이 인간에게 준 상상력이라는 특별한 능력을 꺼내 펼쳐보면 어떨까. 예술가 중에 바로 그런 능력을 지닌 이들이 있었다. 그들은 사물의 본질을 포착함으로써 세계가 존재하는 방식을 이해하기 위해 전에 없던 새로운 예술적 상상력을 동원했다. 평생에 걸쳐 몇 가지 그림 소재에 천착함으로써 사물의 본질을 찾아내고자 했던 폴 세잔 역시 그러한 대담한 탐험가였다. 마치 과학자가 동일한 실험을 숱하게 반복하듯이 세잔은 같은 사물을 거듭 반복해서 그리며 "모든 사물의 본질에는 가장 기본적인 조형적 요소만이 남는다"라는 깨달음을 얻을 수 있었다. 세잔은 모든 사물을 구, 원뿔, 원기둥, 삼각형, 사각형 모양과 같은 기본 도형으로 환원할 수 있다는 생각을 화폭에 옮겼다.

세잔은 사과도 무수히 반복해서 그렸지만, 생 빅투아르 산 역시 20년간 여러 번 반복해서 그렸다. 각각 1880년대와 1900년대에 그린 〈커다란 소나무와 생 빅투아르 산〉과 〈생 빅투아르 산〉을 비교해보자. 두 그림은 산세나 나무, 구름을 표현하는 방법에 있어 그의 의도와 형식이 어떻게 변화했는지 선명하게 보여준다. 후반기에 그린 〈생 빅투아르 산〉에는 조형적 요소와 색채만 남았다. 산

폴 세잔, 〈커다란 소나무와 생 빅투아르 산〉, 1885~1887년(위)
〈생 빅투아르 산〉, 1902~1904년(아래)

세와 나무, 집 등은 삼각형이나 사각형 모양으로 쪼개져 마치 모자이크나 퍼즐을 보는 듯 분할되어 있다.

몇 가지의 기본 도형만으로 형태의 본질을 표현하고자 했던 세잔의 새로운 시도는 브라크와 피카소와 같은 입체주의 화가들에게 커다란 영향을 미쳤다. 입체주의 화가들 역시 사물에 대한 통찰을 바탕으로 형태를 해체함으로써 본질에 더 다가갈 수 있다고 여겼으며, 시간과 공간을 초월하는 상상력에 의해 재구성된 기하학적 세계를 선보였다.

입체주의 화가들은 사물을 다양한 시점에서 바라보고 분석하여 해체한 뒤 다시 배열하고 조합하여 평면의 캔버스에 펼쳐냈다. 브라크의 그림을 본 앙리 마티스Henri Matisse가 "큐브로 이루어진 그림 같다"라고 말한 데에서 유래해 입체주의에 큐비즘cubism이라는 이름이 붙기도 했다. 브라크의 〈바이올린과 물병〉은 큐비즘의 정수가 녹아 있는 작품이라고 할 수 있다. 그림은 대상을 완전히 해체하고 분리해 단순한 도형의 형태로 표현함으로써 현실 세계를 낯설고 불친절한 방식으로 보여준다. 어디서부터 어디까지가 바이올린이고 어디서부터 어디까지가 물병과 배경의 경계인지도 불분명하다. 작은 큐브로 쪼개진 사물들은 서로 중첩되며 기묘한 형태를 만들어낸다. 시공간을 해체하고 형태와 색채의 핵심적 요소만을 남겨놓은 브라크의 그림을 보고 있으면 마치 '실체가 없는

조르주 브라크, 〈바이올린과 물병〉, 1910년

존재'로 가득한 양자역학의 세계로 빨려 들어갈 것만 같은 착각이 들기도 한다.

화가들이 사물의 형태를 해체하며 본질에 다가가려는 시도로 화단에 충격을 주었던 바로 그즈음 1900년대 초반 과학계에서도 수많은 논쟁과 탄복을 동시에 불러일으키며 양자역학이 태동했다. 세상을 이루는 원리를 알아내려는 근원적 호기심, 즉 사물의 본질에 다가가고자 하는 순수한 열망은 과학과 예술의 경계를 넘나들며 신선한 충격과 더불어 세상을 바라보는 새로운 관점을 제공했다.

호안 미로의 거대한 파랑과 원초적 자연

폴로늄^{Po}과 라듐^{Ra}을 발견하여 방사선에 관한 연구를 더욱 발전시킨 공로로 1903년에 노벨물리학상을 받은 마리 퀴리$^{Marie\ Curie}$는 이런 말을 했다. "나는 과학에 위대한 아름다움이 있다고 생각하는 사람이다. 연구실 과학자는 단순한 기술자가 아니라 마치 동화처럼 자신에게 감명을 주는 자연현상 앞에 선 어린아이이기도 하다." 마리 퀴리를 비롯해 모든 과학자는 눈으로부터 출발해 자연을 있는 그대로 관찰하고, 궁극적으로는 눈에 보이지 않는 세상에 대한 불변의 법칙과 진리를 밝혀내기 위해 노력한다. 마리 퀴리는 이 과정에서 과학자들이 어린아이처럼 순수한 마음을 갖고 아름다움을 발견할 수 있다고 생각했다.

흥미로운 것은 피카소 역시 비슷한 말을 남겼다는 사실이다. "나는 라파엘로처럼 그리는 데 4년이 걸렸지만, 어린아이처럼 그리기까지는 평생이 걸렸다." 만들어내는 결과물이 다를 뿐, 과학자와 예술가의 출발점과 지향점은 무척 닮아 있다. 과학자와 예술가 모두 자연의 원리와 본질을 탐구하는 순수한 마음에서 출발해 세상을 더 아름다운 곳으로 만들거나 혹은 느끼기 위한 목표를 향해 나아가는 사람들이다.

세잔의 다시점 구도와 시간의 중첩성 개념에 영향을 받은 입체주의 화가들이 모든 사물을 몇 가지 도형으로 치환해 자연의 본질에 이르고자 했다면, 네덜란드 화가 몬드리안은 거기에서 더 나아가 자연을 구성하는 기본 구조와 그것들의 구성에 관심을 기울이며 현대 추상 미술의 흐름을 앞에서 이끌었다. 그의 그림에서 자연은 수평선과 수직선의 구조를 바탕으로 극도로 절제되고 단순화된다. 복잡한 형태나 색채를 모두 버림으로써 비로소 사물의 본질을 드러낼 수 있다고 믿었던 몬드리안은 놀라운 통찰력을 바탕으로 다양하고 복잡해 보이는 세상을 몇 가지 반복된 질서와 규칙으로 분석해냈다. 몬드리안은 정해진 형태나 구조가 아니

피트 몬드리안
〈빨강과 파랑의 구성 II〉, 1929년

라 비례와 균형만으로 완벽한 세계를 표현하고자 했는데, 이러한 관점 역시 고전역학보다는 양자역학의 세계관에 더 부합하는 듯하다.

몬드리안이 한창 활동했던 20세기 초반은 카메라의 대중화로 회화의 예술적 의미에 대한 새로운 질문을 던지면서 자연의 본질에 관한 탐구가 본격적으로 시작되는 시기이기도 했다. 그야말로 그림에 대한 본격적인 실험의 장이었던 20세기 초반을 관통하면서 자연의 본질을 새로운 관점으로 그려내고자 했던 화가들의 열망은 인상주의를 넘어 추상 미술과 구성주의를 탄생시켰고, 이는 다시 인간의 무한한 상상력과 더해져 초현실주의로 이어졌다.

그 중요한 변곡점에 스페인의 화가 호안 미로Joan Miró가 있다. 젊은 시절 야수파, 입체파, 초현실주의를 고루 경험한 미로는 사물의 단순화 및 도형화에서 출발해 궁극의 질서와 균형을 구현하는 한편 어린아이와 같은 순수함과 자유분방함을 추가해 강렬한 인상을 주는 작품들을 남겼다. 그는 어린아이처럼 자유로운 연상과 상상력을 자신만의 조형적 언어로 시각화하는 데 탁월한 감각을 보여주었다. 그의 작품은 호기심을 자극하는 상징과 기호로 가득하다.

중요한 점은 미로의 작품이 단순히 조형적인 요소의 나열에 그치지 않는다는 점이다. 그의 작품에는 극도로 단순화된 도형과 기호 같은 형태 외에도 원색으로 대변되는 우주의 이미지가 담겨 있어 신비롭기까지 하다. 〈밤 풍경의 사람과 새들〉과 같은 작품에서는 사물의 조형화와 초현실적 배치, 그리고 동양화에서 영향을 받은 듯한 검은 선들로 신비로운 우주의 이미지를 표현하기도 했다. 물론 그만의 어린아이 같은 재기발랄함과 상상력을 담아서 말이다.

미로는 자연과 사물의 본질에 대해 끊임없이 탐구하고 이를 상징화하는 작업에 몰두했다. 파리의 퐁피두센터에 걸린 '블루' 연

———
호안 미로
〈밤 풍경의 사람과 새들〉, 1978년

작은 그의 집념이 이루어낸 결정체라고 볼 수 있다. 〈블루Ⅱ〉를 보면 푸른 하늘을 뚫고 나오는 듯한 강렬한 붉은색의 한 줄기 빛이 있다. 검은 점들은 사물의 움직임을 표현하는 그만의 독특한 언어로 탄생한 기법이다. '블루' 연작에서 검은 점들은 때로는 흐릿한 윤곽으로 때로는 선명하게 표현되어 관찰자의 초점을 사로잡는다. 또 대각선으로 흐르는 얇고 검은 선은 궤도를 벗어난 일탈과 자유를 떠올리게 한다.

이 상징적인 도형들의 움직임은 우주를 바라보는 미로만의 직관적 해석을 담고 있다. 거대한 파랑은 하늘과 바다, 그리고 더 큰

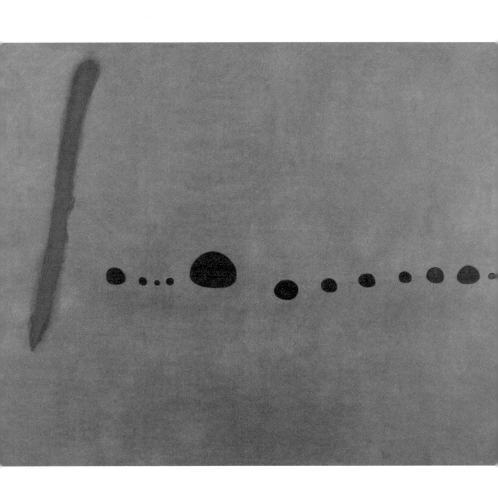

호안 미로, 〈블루 II〉, 1961년

우주를 떠올리게 한다. 그의 그림에서 느껴지는 광대함과 깊이감에는 헤아리기 어려울 만큼 강한 힘이 있다. 이는 아름다우면서도 원초적인 자연의 에너지, 모든 존재의 안식처인 양자화된 세계의 바닥 상태를 떠올리게 한다.

　과학자들은 세상의 모든 것을 이루고 있는 원자를 이해하기 위해 눈에 보이지 않는 나노 세계에서 일어나는 현상을 끊임없이 의심하고 증명하는 것을 반복했다. 빛을 탐구하고 욕망하며 과학자들에게 영감을 얻고 보폭을 맞춰왔던 미술가들 역시 더 낮은 차원의 단순한 세계로 들어가 자연의 본질에 다가가고 그것을 화폭에 옮겼다. 과학자들의 '세상은 무엇으로 이루어졌는가'라는 질문과 미술가들의 '무엇을 어떻게 표현할 것인가'라는 질문은 양자역학의 세계에서 다시 한 번 만나 자연현상 너머의 본질에 관한 탐구로 수렴되었다.

5장

무엇이 미래를 결정하는가

"나는 이 세상의 언어만으로 이해되지 않을 것이다.
나는 죽은 자와도, 아직 태어나지 않은 자와도
행복하게 살 수 있기 때문이다."

파울 클레

빛에 관한 체계적 연구로 광학을 창시한 뉴턴은 빛을 곡식 알갱이와 같은 입자의 흐름이라고 생각했다. 뉴턴의 입자설은 여러 과학자에 의해 반박되고 다시 증명되기를 반복했다. 빛이 입자라면 흔히 관찰되는 회절이나 간섭 현상을 설명할 수 없다는 점 때문에 파동설로 기울었다가, 빛을 쪼이면 금속판 내부의 전자가 바로 튀어나오는 현상이 빛의 파동성을 설명할 수 없어서 다시 입자설이 힘을 얻는 식이었다. 그러다 빛이 전기장과 자기장의 상호작용에 의한 파동, 즉 전자기파라는 점이 밝혀지며 다시 파동설이 우세한 분위기로 돌아섰다.

빛이 입자이냐 파동이냐를 놓고 벌어진 논쟁이 어느 정도 일단락된 것은 닐스 보어의 원자구조 이론이 발표된 이후였다. 보어는 원자를 구성하는 전자의 운동 원리를 통해 불연속적인 선스펙트럼이 나타나는 원인을 설명하면서 전자와 빛이 입자이지만 파동의 성질도 가진다는 것을 입증했다. 보어의 이론은 나중에 상보성 원리로 발전했고, 하이젠베르크의 불확정성 원리와 함께 '코펜하겐 해석'의 주요 근거가 되었다. 코펜하겐 해석은 양자역학에 대한 가장 보편적인 해석이라 할 수 있는데, 당시 물리학자들 간에 끝없는 논쟁을 불러일으킴으로써 결과적으로는 양자역학이 더욱 발전하는 계기와 토대를 마련했다.

양자역학에서 아인슈타인을 비롯해 여러 과학자가 받아들이기 힘들어했던 개념은 양자의 중첩성과 불확정성이다. 이는 고전역학에서 당연시하던 결정론과 인과율을 부정하는 것이었기 때문이다. 중첩성은 하나의 입자가 모든 가능한 상태로 동시에 존재할 수 있다는 것을 의미한다. 말하자면 하나의 입자는 파동이기도 하고, 노란색이면서 파란색이고, 낮에 있으면서 밤에도 있을 수 있다. 이 중첩은 관찰자가 측정하는 동시에 깨지고 어떤 한 가지 상태로 확정되는데, 그 이전은 확률로만 이야기할 수 있는 불확정성의 상태이다. 따라서 빛은 입자이면서 파동이지만 우리가 빛을 관찰할 때는 입자 혹은 파동의 한 가지 성질만 나타낸다. 또 양자역학에서는 관찰자의 측정 행위가 대상의 상태를 변화시키므로 측정 이전에는 대상에 관해 확률로만 이야기할 수 있다. 이는 자연

현상이 인간의 관찰 행위에 종속된다는 개념으로 받아들여져 많은 저항을 불러왔다. 저 유명한 '슈뢰딩거의 고양이'는 사실 이 중첩성과 불확정성의 난점을 드러내기 위해 고안한 사고 실험이었다.

양자역학은 원자로 이루어진 미시세계를 이해하기 위한 인식의 틀을 제공하며 과학계뿐 아니라 인류의 삶 구석구석에 혁명적인 변화를 가져왔다. 특히 미술가들은 세상의 모든 일은 자연의 법칙에 따라 이미 정해져 있다는 결정론에서 벗어나 세계와 더 유연하게 관계를 맺으며 상상력의 지평을 넓혀나갔다. 중첩이나 얽힘과 같은 양자역학적 현상을 시각적으로 표현해 삶의 경계를 확장하며 새로운 질문을 던지는가 하면, 양자화된 입자의 속성을 소재의 띄엄띄엄한 배치로 표현해 양자화된 인간 역시 우주와 연결되어 있음을 은유적으로 표현하기도 했다.

또 마르셀 뒤샹과 같은 작가는 미술의 개념을 완전히 바꿔놓으면서 "관람자의 관점에서 해석되고 의미가 부여되면서 비로소 작품이 완성된다"라는 철학을 바탕으로 기성품에 아무런 변형을 가하지 않은 오브제를 작품으로 선택했다. 그는 미술가로서 주변의 평범한 오브제들 가운데 어떤 '선택'을 하는 것까지를 자신의 역할로 정의했다.

미래가 결정되어 있지 않다는 것이 다행인지 불행인지는 확실

알 수 없다. 하지만 미래가 결정되어 있을 때조차 인간의 자유의지를 사라지게 할 방법은 없었다. 그러니 양자역학이 우리 삶에 던지는 메시지에 귀를 기울이며 무한한 가능성의 미래로 있는 힘껏 양자 도약을 해보자.

입자와 파동, 빛의 성질에 대한 끝없는 논쟁

빛은 입자이면서 파동이다. 이 명제가 받아들여지기까지 과학계에서는 수 세기에 걸쳐 적잖은 우여곡절이 있었다. 과학적인 관점과 해석으로 처음 빛에 관한 정의를 설명한 것은 프랑스의 철학자이자 수학자이며 물리학자였던 르네 데카르트였다. 그는 고대 그리스 철학자 데모크리토스Democritus가 창시한 원자론atomism에 근거해 "빛이란 추진력을 갖고 일정한 속도로 직선으로 움직이는 작은 입자이다"라고 설명했다.

데카르트의 입자설은 17세기 초 유럽의 새로운 철학 사상 중 하나였던 기계철학의 영향을 받은 것이었다. 기계철학에서는 우주가 '물질'과 '움직임'으로 이루어졌다고 설명했으며, 여기에서 물질은 곧 원자를 의미했다. 이러한 사상의 영향으로 빛 역시 작은 입자라고 인식된 것이다.

빛의 입자 이론에 대한 초기 개념은 뉴턴에 의해 본격적으로 발전되었다. 뉴턴은 태양광 스펙트럼 실험을 통해서 빛을 '서로 다른 색을 지닌 작은 입자들이 공간을 이동하면서 생기는 현상'으로 보고 입자설을 주장했다. 그런데 사실 뉴턴의 입자설 이전에 파동설을 제기한 과학자가 있었다. 바로 네덜란드의 크리스티안 하위헌스이다. 그는 빛의 회절 현상을 발견하면서 빛이 파동의 성질을 가진다며 파동설을 주장했다. 회절 현상은 직진으로 진행하던 빛이 물체의 모서리나 작은 틈을 통과할 때 에돌아가는 현상을 말하는데, 이때 빛이 동심원을 그리며 퍼져나가기 때문에 물체의 경계면이 흐릿하게 보인다. 뉴턴의 입자설은 빛의 반사와 굴절은 설명할 수 있지만, 이 회절 현상은 설명할 수 없었다. 그렇지만 당대 최고의 과학자로 명성을 날렸던 뉴턴의 유명세 때문에 하위헌스의 주장은 거의 주목을 받지 못했다. 이후 100여 년간 다른 과학자들에게도 뉴턴의 입자설을 반박할 기회조차 주어지지 않았다는 점은 지금 생각해도 놀라울 정도이다.

빛이 파동으로서 갖는 성질을 실험을 통해 증명함으로써 뉴턴의 입자설을 무너뜨린 것은 1800년 영국의 의사이자 물리학자인 토머스 영이었다. 그는 두 개의 좁은 틈(슬릿)에 빛을 통과시켜 스크린에 생긴 간섭무늬를 관찰한 '이중슬릿' 실험을 통해 파동설을 입증했다. 토머스 영은 먼저 검은색 판에 두 개의 길고 좁은 틈을 만들었다. 그리고 한 가지 색의 빛을 이 두 개의 좁은 틈에 통과시켜 맞은편 스크린에 나타나는 무늬를 관찰했다. 만약 빛이 입자라면 스크린에는 그림의 왼쪽처럼 두 개의 줄무늬만 나타나야 한다. 가령 어떤 구멍으로 야구공을 던진다고 가정할 때 두 개의 야구공을 던지면 구멍을 통과한 야구공은 건너편 벽에 부딪혀 두 개의 자국을 남기는 것과 같은 이치이다. 그러나 실험 결과 스크

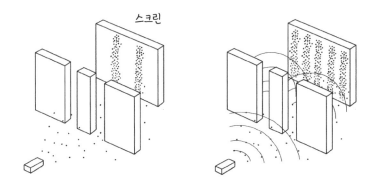

스크린

빛의 파동성을 보여주는 이중슬릿 실험

린에는 그림의 오른쪽처럼 여러 개의 줄무늬가 나타났다. 이는 빛이 입자에는 없는 회절과 간섭의 성질을 가졌다는 것을 의미했다. 즉 빛이 파동이기 때문에 두 개의 틈을 통과하며 각각 회절 현상을 일으켰고, 두 파동이 보강 간섭과 상쇄 간섭을 일으키면서 밝은 선과 어두운 선이 번갈아 나타나 빛이 일렁이는 듯한 여러 개의 간섭무늬를 남긴 것이다.

토머스 영의 이중슬릿 실험은 앞서 하위헌스가 제기했던 빛의 파동설을 성공적으로 입증했지만, 여전히 뉴턴의 입자설이 지배적이던 당시 분위기로 인해 그다지 환영받지는 못했다. 특히 사람들은 두 파동이 만나 어두워질 수 있고, 일렁거리는 듯한 간섭무늬를 만든다는 것을 이해하지 못했다. 이후 프랑스의 오귀스탱 장 프레넬Augustin Jean Fresnel이 좀 더 정교한 실험을 통해 똑같은 빛의 회절과 간섭 현상을 수차례 재확인하면서 비로소 파동설에 힘이 실리기 시작했다. 프레넬은 빛의 파동 이론에 따라 회절과 간섭 현상을 설명하는 논문을 발표했고, 이 한 편의 논문은 과학계가 절대적인 것으로 여겨졌던 뉴턴의 입자설을 뒤로하고 파동설을 빠르게 받아들이는 결정적 계기가 되었다. 이후 19세기 후반 맥스 웰이 모든 빛이 전자기파라는 것을 발견하고, 헤르츠가 실험으로 이를 증명하면서 빛의 파동설은 더욱 견고해졌다.

빛의 이중성에 합의하다

과학계는 뉴턴의 입자설에서 어렵게 벗어나 빛의 파동성을 받아들였지만, 1903년 알베르트 아인슈타인이 '광전효과'에 관한 논문을 발표하며 다시 커다란 혼란에 빠졌다. 광전효과 실험은 빛이 각각의 진동수에 비례하는 에너지를 갖는 알갱이 형태의 광자로 이루어졌음을 증명했고, 이는 명백하게 빛이 입자라는 뜻이었기 때문이다.

4강에서 설명한 에너지 계단을 떠올려보자. 금속에 빛을 가하면 원자가 안정적인 상태를 유지하기 위해 높은 에너지 계단에서 낮은 에너지 계단으로 내려가면서 전자를 방출하는데, 이것이 바로 광전효과이다. 이때 방출되는 전자를 빛에 의해 튀어나온 전자라고 해서 광전자photoelectron라고 부른다.

아인슈타인의 광전자 이론에 따르면, 빛은 각각의 고유한 진동수(주파수)에 비례하는 에너지를 갖는 알갱이 형태의 광자들로 이루어졌다. 금속 원자 역시 고유한 진동수에 비례하는 에너지를 갖고 있다. 광전효과 실험에 따르면, 금속판에 가해지는 빛의 세기가 클수록 광전자의 양은 많아지지만 튀어나오는 속도가 빨라지지는 않으며, 빛의 진동수가 높을수록 광전자의 튀어나오는 속도가 빨라진다. 아인슈타인은 빛의 세기가 커져도 광전자의 방출 속도가 빨라지지 않는 현상이 바로 빛이 파동이 아닌 입자임을 증명하는 것이라고 설명했다. 다시 말해, 빛이 파동이라면 빛의 세기가 커질수록 에너지도 증가해 전자가 튀어나오는 속도에 영향을 미쳐야 한다는 것이었다. 하지만 광전효과 실험에서는 금속판에 가해지는 빛의 진동수가 금속 원자의 고유한 진동수보다 커질수록 원자 내부에 들어가는 에너지도 높아져 광전자 방출 속도가 빨라졌다. 빛의 세기는 튀어나오는 광전자의 양에만 영향을 미쳤다.

광전효과는 사실 우리의 일상생활에 깊숙이 자리하고 있다. 각

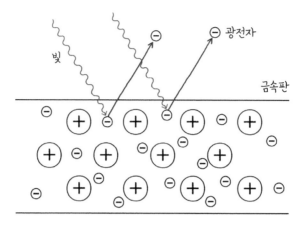

빛이 가해지면 금속이 전자를 방출시키는 광전효과

종 인공조명과 디스플레이, 리모컨, 전자계산기를 비롯해 태양광 발전기, 적외선 센서, 인터넷망의 광통신도 모두 광전효과를 이용한 것들이다. 심지어 혈중알코올농도를 알려주는 음주측정기도 광전효과에 의해 만들어졌다. 음주측정기 안에는 두 개의 금속 전극이 있고 알코올과 만나면 푸른색 빛을 내보내는 가스로 채워져 있다. 이 전극 사이로 날숨이 들어오면 날숨에 포함된 알코올 성분이 푸른색 빛을 발생시키고 이 빛이 전극에 닿아 전자를 방출시킨다. 튀어나온 전자의 수가 많을수록 혈중알코올농도가 높은 것이다.

아인슈타인이 광전효과에 관한 논문을 발표한 지 18년이 지난

1923년에 빛이 입자임을 증명하는 또 다른 연구 결과가 발표되었다. 미국 워싱턴대학교 물리학과 아서 홀리 콤프턴^{Arthur Holly Compton} 교수가 엑스선 산란 실험을 통해 밝힌 '콤프턴 효과'가 바로 그것이다. 콤프턴 효과는 원자에 가시광선보다 파장이 짧고 진동수가 높은 엑스선을 쪼였을 때 전자가 튀어나오는 현상이다. 이때 엑스선은 전자에 모두 흡수되지 않고 일부는 산란되는데, 산란된 엑스선의 파장이 입사된 엑스선의 파장보다 길어진다. 만일 빛을 파동으로 본다면 산란 전후에 파장의 길이에 변화가 없어야 한다. 즉 콤프턴이 실험에서 확인한 것 역시 빛이 입자이기 때문에 전자에 의해 산란된 후 에너지가 줄어들면서 파장이 길어진다는 점이었다.

아인슈타인의 금속판 실험과 콤프턴의 엑스선 실험 모두 빛과 원자의 상호작용으로 인해 전자가 방출되는 현상을 관찰한 것이었다. 다만 아인슈타인의 실험에서는 전자가 빛을 모두 흡수해버리지만, 콤프턴의 실험에서는 일부가 에너지를 잃고 산란된다.

광전효과와 콤프턴 효과로 다시 빛의 입자설에 무게가 실리자 이제 과학계는 빛이 파동성과 입자성을 모두 갖고 있다는 '이중성'에 합의하기에 이르렀으며, 이로써 양자역학이 정립되는 기반을 마련했다. 물질이 지닌 입자성과 파동성의 이중적 성질에 가장 먼저 주목한 사람은 프랑스 물리학자 루이 드 브로이^{Louis de Broglie}였다. 그는 1924년 전자가 입자성과 파동성을 동시에 지닌다는 점을 수학적으로 증명하는 이론을 제안했다. 드 브로이 이론의 핵심은 전자의 운동량이 파장의 역수로 주어진다는 것인데, 운동량은 입자의 성질과 관련된 것이고 파장은 파동과 관련된 것이므로 그 바탕에 이미 양자역학의 개념을 품고 있는 것이었다고 볼 수 있다.

측정하는 순간 측정값은 변한다

20세기 초반은 물리학의 역사에서 그야말로 혁명과도 같은 시대였다. 1927년 다섯 번째 열린 국제물리학솔베이학회에 참석한 물리학자 스물아홉 명 중 무려 열일곱 명이 노벨물리학상 수상자일 정도이다. 그들은 기존의 고전역학으로는 설명되지 않는 현상들과 실험 결과들을 접하면서 분주하게 새로운 가설을 쏟아냈고, 이는 양자역학이 태동하고 계속 발전하는 기반이 되었다. 1921년 보어가 덴마크 코펜하겐에 정부의 지원을 받아 설립한 닐스보어 연구소에 전 세계의 젊은 물리학자들이 모여들었고, 그들은 수년간 코펜하겐대학교의 연구소에 머무르며 많은 토론과 논쟁을 거쳐 양자역학의 초석을 마련했다. 입자이면서 동시에 파동이기도 한 변덕스러운 빛의 정체를 밝힌 것도 양자역학이다.

빛은 때론 입자처럼 행동하고 때론 파동처럼 행동하며 그 상태는 확률로만 설명할 수 있다. 절대적으로 예측할 수 있는 상태는 없다. 이것이 현재까지 양자역학에서 해석하는 빛에 대한 최종 결론이며, 이를 뒷받침하는 가장 핵심적인 이론은 보어의 '상보성 원리'와 하이젠베르크의 '불확정성 원리'이다.

상보성 원리는 빛과 전자와 같은 입자들은 입자성과 파동성의 성질을 동시에 갖고 있으며, 입자와 관련된 현상들을 온전히 설명하기 위해서도 입자성과 파동성의 성질 모두 필요하다는 것이다. 가령 빛은 광전효과 실험에서는 입자의 성질을 나타내지만, 이중 슬릿 실험에서는 파동의 성질을 보여준다. 하지만 하나의 실험에서 입자성과 파동성을 동시에 볼 수는 없다. 즉 빛은 입자이면서 파동이지만, 파동의 형태로 움직이는 입자를 상상할 수 없다는 의미이다. 불확정성의 원리는 앞에서도 설명했듯이 입자의 위치와 운동량을 동시에 정확하게 측정할 수 없다는 것이다. 위치를 측정할 때 운동량이 변하고, 운동량을 측정할 때 위치가 변하기 때문이다. 따라서 어떤 시점에서 전자의 위치나 운동량은 확률로 기술할 수밖에 없다.

보어와 하이젠베르크의 이론은 더 확대되어 나중에 '코펜하겐 해석'으로 정리되는데, 이는 20세기 전반과 오늘날에까지 양자역학에 관한 가장 정통적인 해석이다. 보어와 하이젠베르크 외에 막스 보른과 볼프강 파울리Wolfgang Pauli 등이 참여했으며, 당시 보어

양자역학과 현대물리학을 탄생시킨 주요 사건 연보

17세기	입자설	**르네 데카르트(프랑스)** 원자론에 근거한 입자설을 최초로 주장함.	
	파동설	**크리스티안 하위헌스(네덜란드)** 빛의 회절 현상을 발견하며 파동설을 주장했지만 주목을 받지 못함.	
	입자설	**아이작 뉴턴(영국)** 태양광 스펙트럼 실험을 통해, 서로 다른 색을 지닌 작은 입자들이 공간을 이동하는 것이 빛이라고 주장함.	
19세기 초반	파동설	**토머스 영(영국)** 이중슬릿 실험을 통해 파동설을 입증함.	
		오귀스탱 장 프레넬(프랑스) 빛의 회절과 간섭 현상을 증명하는 정교한 실험으로 파동설을 지지함.	
19세기 후반		**제임스 클러크 맥스웰(영국)** 빛이 전자기파임을 예견해 파동설에 힘을 더함.	
		하인리히 루돌프 헤르츠(독일) 실험을 통해 맥스웰의 이론을 증명함.	
20세기 초반	입자설	**닐스 보어(덴마크)** 원자 내의 전자가 궤도에 따라서 특정한 에너지를 가진다는 원자 모형을 제시해, 빛이 입자의 속성에 가깝다는 이론을 지지함.	1922년 노벨물리학상
		알베르트 아인슈타인(스위스) 빛이 각각의 진동수에 비례하는 에너지를 갖는 알갱이 형태의 광자로 이루어져 있음을 증명한 광전효과로 입자설을 지지함.	1921년 노벨물리학상
		아서 홀리 콤프턴(미국) 엑스선 산란 실험을 통해 파동으로 알고 있었던 엑스선에 입자 개념을 도입함.	1927년 노벨물리학상
	이중성	**루이 드 브로이(프랑스)** 전자의 파동적 특성을 발견하여, 입자와 파동의 이중성을 수학적으로 증명하는 이론을 제안함.	1929년 노벨물리학상
	상보성	**닐스 보어(덴마크)** 빛이나 전자는 조건에 따라 파동처럼 행동하기도 하고, 입자처럼 행동하기도 하는 파동입자이중성을 가지고 있다는 이론을 발표함.	
	불확정성	**베르너 하이젠베르크(독일)** 하나를 측정하는 순간 다른 하나가 변하기 때문에, 전자와 같은 입자의 위치와 속도는 동시에 측정할 수 없다는 불확정성의 원리를 발표함.	1932년 노벨물리학상
	파동함수	**에르빈 슈뢰딩거(오스트리아)** 입자의 파동성을 기술하는 방정식인 파동방정식을 제안해, 양자역학의 기초를 마련함.	1933년 노벨물리학상

가 살았던 도시명을 이름으로 붙였다. 양자역학에 대한 코펜하겐 해석의 핵심이자 가장 많은 논쟁을 불러일으킨 부분은 "어떤 물리량의 값이 관찰자의 측정 행위 이전에는 존재한다고 하는 것이 불필요하다"라는 것이다. 고전역학에서는 관찰자의 측정 행위와 무관하게 존재하는 대상의 물리량을 수식으로 나타냈지만, 양자역학에서는 관찰자의 측정 행위가 대상의 상태를 변화시키므로 측정 이전에 대상의 물리량에 관해 이야기하는 것이 의미가 없다고 말한다. 코펜하겐 해석에 따르면, 빛과 전자와 같은 입자들은 측정 전에는 입자성과 파동성을 동시에 지닌 중첩 상태에 있으며 그 위치는 확률로만 알 수 있다. 측정하는 순간 입자의 위치는 명확하게 알 수 있지만, 운동량은 이미 변했기 때문에 측정치에 오차가 발생한다.

코펜하겐 해석은 끊임없는 논쟁을 유발했는데, 가장 유명한 것은 1927년과 1930년에 물리학자들이 모인 솔베이학회에서 보어와 아인슈타인이 벌인 논쟁이다. 아인슈타인은 불확정성의 원리에 강한 의문을 표현하며 자연에서 일어나는 일은 모두 측정 가능하며 자연현상의 기저에는 기본 법칙이 숨어 있다고 주장했다. 또 확률에 근거하는 불확정성의 원리에 반대하며 세상에 우연히 생기는 일은 없다는 의미에서 "신은 주사위 놀이를 하지 않는다"라고 일침을 가했다. 이러한 아인슈타인의 주장에 맞서서 보어는

"신이 어떻게 우주를 관장하는지 우리가 따질 필요는 없다"라고 반박했다.

슈뢰딩거 고양이의 중첩과 역설

빛이 과연 입자인지 아니면 파동인지를 증명하고 반박하다가 마침내 빛의 이중성이라는 독특한 성질을 받아들이고, 이를 확률 함수로 표현하게 되었을 무렵이다. 에르빈 슈뢰딩거 역시 코펜하겐 해석에 담긴 불확정성의 개념에 반기를 들고 나섰다. 코펜하겐 해석에 따르면 중첩과 불확정성은 거시세계가 아닌 미시세계에만 적용된다. 슈뢰딩거는 양자역학이 미시세계와 거시세계를 나누어서 설명하는 것도 말이 안 된다고 생각했다.

슈뢰딩거는 불확정성 원리를 거시세계에 적용할 경우 얼마나 이상하고 어색한지 직관적으로 표현하기 위해 거시세계의 고양이를 미시세계의 입자에 빗대어 중첩 상태를 보여주는 일종의 사고 실험을 해보기로 했다. 그것이 지금은 오히려 양자역학을 설명할 때 단골로 등장하는 '슈뢰딩거의 고양이' 실험이다. 완벽하게 차단된 상자 안에 고양이 한 마리가 있다. 상자에는 방사성 물질인 라듐과 방사능을 검출하는 가이거 계수기가 있고, 이 계수기에는 망치가 연결되어 있다. 망치 아래에는 청산가리가 든 병이 놓여 있다. 시간이 지나 라듐의 핵이 붕괴하면 이를 검출하는 가이거 계수기의 손잡이가 내려가고 여기에 연결된 망치가 청산가리가 든 유리병을 깨뜨린다. 청산가리가 유출되면 고양이는 죽게 된다. 라듐은 한 시간 뒤 50퍼센트의 확률로 붕괴한다.

슈뢰딩거는 이 사고 실험에서도 특유의 재치를 발휘했다. 한 시간 뒤에 50퍼센트의 확률로 붕괴하는 라듐은 물리학에서, 이 라듐이 붕괴할 때 계수기에 연결된 망치가 내려가는 조작은 기계공학에서, 망치가 내려찍는 청산가리는 화학에서 가져왔다. 그리고 화룡점정으로 고양이라는 생명체까지 완벽하게 상자 안에 집어넣어 하나의 작은 우주를 재현하고자 했다.

슈뢰딩거의 고양이 실험은 코펜하겐 해석의 불완전함에 대한 자신의 의견을 증명하기 위한 것이었다. 코펜하겐 해석에 따르면 관찰자가 상자를 열어 확인하기 전에는 고양이는 산 것도 죽은 것도 아니다. 하지만 실제로 상자 안의 고양이는 살았거나 죽었거나 둘 중 하나이다. 관찰자가 알지 못할 뿐이다. 죽은 것도 산 것도 아닌 상태는 도대체 무엇이란 말인가. 코펜하겐 해석은 이런 역설적인 상황에 답할 수가 없었다. 또 슈뢰딩거는 고양이의 운명이 관찰자가 상자를 여는 행위로 바뀌는 게 아니라는 점 역시 분명히 했다. 코펜하겐 해석에 따르면 상자를 열어서 확인하는 관찰자의 행

슈뢰딩거의 고양이 실험

위가 없으면 고양이는 죽었다고도 살았다고도 말할 수 없다. 단지 라듐이 붕괴하고 고양이가 죽었을 확률과 라듐이 붕괴하지 않고 고양이가 살았을 확률만 말할 수 있다. 하지만 실제로는 상자를 열어서 확인하는 행위와 상관없이 고양이의 생사는 이미 결정되어 있다.

코펜하겐 해석에서 가정하는 삶과 죽음의 중첩 상태를 우리는 관찰할 수도 경험할 수도 없다. 우리가 상자를 여는 순간 고양이의 생사가 결정된다고 하면 너무 무자비하게 들린다. 여기에는 오해가 있다. 우리가 중첩을 감각적으로 경험할 수 없는 것은 눈에 보이지 않는 미시세계에서 일어나는 일이기 때문이다. 불확정성은 실재를 부정하는 것이 아니라 실재를 미리 확신하지 말자는 것이다. 상자를 여는 행위를 주관적 인식론의 관점에서 바라봐서는 안 된다. 그러니까 내가 상자를 열더라도 고양이의 생사를 결정하는 것이 아니라 결정된 상태를 확인하는 것뿐이다.

양자역학의 세계에서 미래는 어떻게 결정되는가

슈뢰딩거의 고양이 실험은 코펜하겐 해석에 담긴 불확정성 원리에 반기를 든 것이었지만, 삶과 죽음의 중첩이라는 한 번도 경험해보지 못한 현상을 과학적으로 증명하려는 시도는 일종의 철학적 주제로 확대되어 사람들에게 새로운 고민거리를 안겨주었다. 불확정성을 받아들인다면 우리가 관찰하고 경험하기 이전의 세계는 혼돈의 세계일까, 무한한 가능성의 세계일까. 모든 것이 결정되어 있지 않다면 미래는 무작위로 결정되는 것일까, 혹은 인간의 자유의지가 개입할 수 있다면 그것은 어떤 방식으로 작용하는 것일까.

"우주에 있는 모든 원자의 정확한 위치와 운동량을 알고 있는 존재가 있다면 그는 뉴턴의 운동법칙을 통해 과거와 현재의 모든 현상을 설명해주고 미래까지 예언할 수 있을 것이다." 이 가설에

서의 화자는 프랑스 수학자 피에르 시몽 라플라스Pierre Simon Laplace
가 만든 상상의 존재로 후대의 작가들이 '라플라스의 악마Laplace's
demon'라는 이름을 붙였다. 가설에 나오는 대로 "초기 조건만 알면
모든 일을 예상할 수 있다"라는 사고를 '라플라스 세계관'이라고
한다. 이 세계관이 공포로 다가오는 것은 어떤 노력으로도 미래를
바꿀 수 없다는 점 때문이다. 이미 결정된 미래는 인간의 자유의
지를 배반하는 것이며 삶 전체를 무력화할 수도 있다.

　라플라스의 이러한 상상은 뉴턴의 세계관에서 파생된 것이다.
뉴턴은 1687년 근대 고전역학의 완성판으로 만유인력의 원리를
처음 세상에 알린《프린키피아》를 출간했다. 뉴턴은 이 책에서 모
든 자연현상을 수학적 원리로 설명할 수 있다면서 과학을 연구하
는 새로운 방법을 제안했다. 그중 하나가 가설로부터 시험 가능한
결론을 유도하기보다는 모든 가능한 이론을 먼저 수학적으로 찾
고 실험으로 입증하거나 옳은 이론을 선택하자는 것이었다. 이러
한 제안에는 수학적 계산을 통해 미래에 일어날 일을 예측할 수
있다는 생각, 과거와 현재의 상태가 미래를 결정한다는 명제가 담
겨 있다. 라플라스는 이러한 뉴턴의 결정론적 세계관을 그대로 따
르고 있다.

　미래를 예언하는 능력을 주겠다는 악마의 제안은 미래에 대해
두려움을 갖는 사람들에게 너무나 달콤한 유혹이다. 미래를 알

지 못해서 느끼는 두려움과 미래를 바꿀 수 없다는 데서 비롯되는 공포 가운데 인간은 어떤 것을 선택할까? 스티븐 스필버그^{Steven} Spielberg 감독은 SF 영화 〈마이너리티 리포트〉를 통해 라플라스 세계관으로 건설된 미래를 보여준다. 주인공 존 앤더턴은 범죄를 예측해 사전에 저지하고 범죄자를 체포하는 프리크라임팀의 수사 반장이다. 영화 속에서 미래는 이미 결정되어 있다. 앤더턴은 자신이 미래에 살인자가 되는 장면을 보게 되고, 이를 바로잡기 위해 결정되었던 행동들을 하나하나 바꾸며 고군분투한다. 홍미롭게도 영화는 결정론적 세계관이 인간의 자유의지를 배제하는 오류를 내포하고 있음을 인정하면서 주인공이 살인자가 되지 않기 위해 미래를 바꾸고자 하는 과정을 담고 있다.

라플라스의 악마는 양자역학의 등장과 함께 무참히 부정되었다. 양자역학의 세계관은 비결정론 혹은 확률적 결정론을 따른다. 양자역학의 세계에서 미래는 확실하게 예측하기 어렵고 확률로만 말할 수 있다. 사실 미래를 앞서서 결정할 수 없다는 것은 불안해야 할 이유가 아니라 선택과 확률의 즐거움을 마음껏 누려도 좋다는 근거일지도 모른다. 삶은 수많은 선택의 연속이고 어떤 식으로든 우리는 결정을 내린다. 그 선택은 다음 선택을 파생하고 모든 선택의 연쇄 반응에 따른 결과가 현재의 내 모습을 결정한다. 우리가 끊임없이 과거를 반추하고 미래를 상상하는 것도 어쩌면 과거에 다른 선택을 했더라면 지금 내 모습이 달라지지 않았을까, 혹은 지금 다른 선택을 한다면 내 미래가 조금 더 나아지지 않을까 하는 몇 가지 확률에 대한 기대감 때문일 것이다.

양자 이론의 관점에서 보면 우리 삶에서의 선택들은 중첩되어 있고, 한 가지를 선택한다고 해서 다른 선택지가 완전히 사라지는 것은 아니다. 불확정성의 확률 세계에서 우리가 내리는 선택들은 서로 '얽혀' 있으며 무한대의 가능성을 만들어낸다. 양자역학 세계의 가장 큰 매력 중 하나는 바로 이 무한대의 가능성이 주는 미래에 대한 희망일지도 모른다.

관찰자에 의해 완성되는 예술, 레디메이드

양자역학은 세계를 인식하고 이해하는 새로운 패러다임을 제시했다. 양자역학의 관점으로 세계를 이해한다는 것은 혁명적인 사고의 전환을 요구하는 일이었다. 당대 최고의 과학자였던 아인슈타인이 양자론을 끝까지 받아들이지 않았던 것은 그가 특별히 고집스러워서만은 아니었을 것이다. 오죽하면 세계적으로 명망 높은 과학자들마저 양자역학을 제대로 이해하려면 신경망을 바꿔서 생각의 회로를 바꿀 정도의 노력이 필요하다고 말했겠는가.

양자역학이라는 혁명이 물리학계를 전복시킬 즈음 미술계에는 미술의 개념을 완전히 새롭게 정의 내린 마르셀 뒤샹이 등장했다. 뒤샹은 1913년과 1917년에 각각 〈자전거 바퀴〉와 〈샘〉이라는 작품을 내놓으면서 엄청난 논란의 중심에 섰다. 〈자전거 바퀴〉는 의자와 자전거 바퀴를 조합한 것이고, 〈샘〉은 남성용 소변기에 '샘'이라는 이름을 붙인 것이었다. 당시 미술계는 뒤샹의 작품을 어떻게 받아들여야 할지 몰라 우왕좌왕했다.

뒤샹의 작품에는 기성품이라는 의미의 '레디메이드ready-made'라는 이름이 붙었다. 뒤샹은 기성품에 아무런 변형도 가하지 않은 채 이름만 붙여 내놓음으로써 새로운 관찰과 경험의 대상이 되도록 했다. 전시장에 옮겨진 자전거 바퀴와 소변기는 그것을 보는 사람에 따라 여러 감정을 일으키며 다른 의미로 다가갔고, 뒤샹은 정확히 그것을 의도했다면서 이렇게 말했다. "나는 그림이 다시 사람의 마음에 봉사하도록 했을 뿐이다."

뒤샹은 철저하게 관람자를 의식하여 작품을 만들었다. 그는 전통적인 방식으로 작가의 손에서 완성되는 예술품의 형태를 거부하고 "관람자의 관점에서 해석될 때 비로소 작품이 완성된다"라는 확고한 철학을 피력했다. 이는 관람자가 작품을 보며 자유롭게 상상의 나래를 펼치는 순간 작품에 그만의 개념과 의미가 부여되면서 비로소 유일무이한 예술품으로 완성된다는 의미였다. 뒤샹은

마르셀 뒤샹, 〈자전거 바퀴〉(1913년 원본 소실 후 세 번째 버전), **1951년**

관람자야말로 진정한 창조자이며, 예술가의 역할은 주변의 평범한 오브제들 가운데 어떤 '선택'을 하는 부분까지임을 강조했다.

뒤샹의 이러한 철학은 양자역학에서 발견한 '관찰자 효과' 이론과 맥이 닿아 있다. 토머스 영은 이중슬릿 실험에서 관찰자의 존재 유무에 따라 빛이 입자처럼 행동하기도 하고 파동처럼 행동하기도 한다는 놀라운 결과를 얻었다. 이는 물질의 운동이나 속도와 같은 물리적인 현상에 인간의 관찰 행위가 개입한다는 것을 의미했다. 물론 여기에서 개입하는 것은 엄밀히 말해 인간의 정신이 아니라 몸을 구성하는 입자들이지만, 인간이 세계와 분리되지 않고 물리적 현상에 개입한다는 양자역학의 세계관은 철학과 예술 등 다른 학문 분야에도 영향을 미쳐 다양한 인식의 혁명을 불러왔다. 관람자의 관점이 개입됨으로써 예술작품이 완성된다는 철학을 피력했던 뒤샹 역시 그러한 혁명의 최전선에 서 있었다.

아인슈타인과 격렬한 논쟁을 벌이던 보어는 이런 말을 했다고 한다. "자연이 어떻게 되어 있는지 알아내는 것이 물리학의 과제라고 생각하는 것은 오류이다. 물리학의 과제는 오히려 자연에 대해서 우리가 말할 수 있는 것이 무엇인지 알아내는 것이다." 보어는 중첩과 불확정성에 반대하며 "달을 보기 전에는 달이 없다는 것인가?"라고 질문한 아인슈타인에게 이렇게 답했던 것인데, 사실 여기에는 인간이 세상과 관계를 맺는 방식에 관한 관점도 담겨 있다. 인간과 세계가 분리되어 있어 측정 행위가 대상의 물리량에 영향을 미치지 않는다는 고전역학의 관점을 따를지, 측정 행위가 대상의 물리량에 영향을 미치기 때문에 인간과 세계를 따로 놓고 볼 수 없다는 양자역학의 관점을 따를지에 따라 우리의 모든 선택은 사뭇 달라질 것이기 때문이다.

양자 세계를 시각화한 미술가들

양자역학의 세계관에서 예술적 영감과 아이디어를 얻어 작품 활동을 하는 현대 미술가들이 늘어나고 있다. 영국의 앤서니 곰리Anthony Gormley는 소통의 미학을 추구하고, 자신과 자신을 둘러싸고 있는 공간과의 관계를 끊임없이 탐구하고 실험하는 미술가이다. 대표작에 지금까지 총 30점을 선보인 '양자 구름' 시리즈가 있다.

1999년 런던 템스강변 밀레니엄돔 옆에 거대한 철골 구조로 세워진 첫 번째 〈양자 구름〉은 기본적으로 인간 몸의 형태를 갖추고 있다. 인체를 기본 윤곽으로 주변에 철제 유닛 수천 개를 연결해 완성했다. 중심에 있는 사람의 몸은 뻗어 나가는 철제 조각을 통해 자신을 둘러싼 공간과 연결된다. 그는 실제 이 작품을 구상할 때 양자물리학자인 바실 힐리Basil Hiley와의 토론으로부터 아이디어를 얻었다고 밝혔다.

시공간과 모든 물질의 기초가 되는 수학적 구조로서 "대수는 관계의 관계이다"라는 힐리의 발언에서 '관계'의 중요성을 짚어내고 이를 시각화하고자 하는 곰리의 집요한 탐구가 시작되었다. 곰리는 인체의 영역이 우주 공간으로 자연스럽게 확장되고 연결된다는 자신의 철학을 정교한 계산을 바탕으로 철제 유닛의 조합으

앤서니 곰리, 〈양자 구름〉, 1999년

로 구현했다. 곰리가 표현하고자 하는 관계의 중요성은 실제로 양
자역학에서 말하는 '얽힘^{entanglement}'이라는 개념을 충실하게 따르
고 있다. 얽힘은 두 개 이상의 입자들이 서로 연관되어 있어 아무
리 멀리 떨어져 있어도 한 입자에 일어난 변화가 다른 입자에도
영향을 주는 현상이다. 곰리는 조각을 이루는 철제들의 띄엄띄엄
한 분포를 통해 양자화된 입자의 속성을 성공적으로 시각화해냈

다. 인체는 인간이 잠시 머무르는 공간일 뿐이라고 생각하는 그는 '양자 구름' 시리즈를 통해 피부에 갇힌 사람의 본질, 즉 영혼을 외부 환경으로 이어지게 함으로써 완벽한 자유와 해방에의 의지를 표현했다.

캐나다 초현실주의 화가 롭 곤살베스Rob Gonsalves 역시 양자역학에서 영감과 아이디어를 얻어 놀라운 비유와 상징으로 가득한 작품을 선보였다. 곤살베스는 〈수평선을 향하여〉에서 중첩된 세계를 보여주며 삶은 매 순간의 선택을 통해 만들어가는 것이며, 따라서 우리는 삶이 어디로 향하는지 언제 어디에서 끝나는지 결코 알 수 없다는 것을 이야기하려 한다.

곤살베스는 양자 중첩을 시각화하기 위해 인지적 착시라는 도구를 활용했다. 왼쪽에는 긴 여행을 시작하는 여행자가 바다 위 고정된 다리 위에서 자동차를 타고 길을 나선다. 희미한 자동차 불빛과 덩그러니 뜬 달이 외로운 여행자의 마음을 대변한다. 그런데 길을 따라 시선을 오른쪽으로 옮기면 어느 순간 수평선이 시작된다. 오래된 돛단배들은 수평선 너머에 있을 미지의 세계로 향하는 탐험을 암시한다.

그림 제목에서 '수평선horizon'은 일종의 '경계'를 의미하기도 한다. 곤살베스는 두 가지 다른 스토리텔링이 모호한 경계에서 절묘하게 교차하면서 중첩된 상황을 제목을 이용해 한 번 더 은유

롭 곤살베스, 〈수평선을 향하여〉, 2012년

했다. 어디부터 어디까지가 길이고 수평선인지 알 수 없는 불확실한 경계는 공간의 중첩을 보여주는 동시에 실체와 진실의 중첩을 보여준다. 이러한 비유와 상징을 통해 곤살베스는 마법 같은 삶에 대한 희망을 전한다. "나는 인생에 진정한 마법이 있다고 믿는다. 때때로 그것을 경험하는 것은 개인의 관점에 따라 달라질 수 있다. 나는 마법과 기적 같은 삶이 결코 환상이 아니라, 종종 가려진 삶의 본질을 나타내준다는 관점으로 그림을 그린다."

양자역학의 등장은 기존의 고전물리학으로 대변되는 과학사 근간을 송두리째 흔들었는데, 이는 예술계에도 커다란 영향을 미쳤다. 그들은 결정론과 인과율의 사고방식에 젖은 사람들에겐 이해하기조차 어려운 양자역학의 세계관을 받아들여 새로운 예술적 감수성으로 숨을 불어넣었다. 그러곤 자연과 인생을 바라보는 관점을 근원적으로 바꿔놓는 작품을 통해 사람들을 무한한 가능성으로 열려 있는 양자역학의 세계에 참여하도록 이끌었다. 양자역학이 과학과 예술을 통해 동시에 던져준 자연과 인생에 대한 무수한 질문과 그 답을 찾아가는 발걸음이 지금도 온 우주를 환하게 밝히고 있다.

6장

빛은 시간의 흔적일까

"상상력은 종종 과거에 없던
세상으로 우리를 데려간다.
하지만 상상력 없이는 아무 데도 갈 수 없다."

칼 세이건

아인슈타인의 상대성이론은 양자역학과 더불어 오늘날 자연의 법칙을 설명하는 가장 중요한 물리학 이론으로 꼽힌다. 이 두 개의 법칙은 빛으로부터 출발해 빛에 의해 증명되었다는 점에서 '빛의 물리학'의 정수라고도 할 수 있다. 상대성이론은 언제나 같은 속도로 지름길을 찾아 달리는 빛의 특성에서 출발해 중력으로 인해 휘어지는 별빛에 의해 증명되었다. 양자역학은 어떤 물질에 열을 가하면 고유의 색을 띠며 방출되는 빛의 작용에서 출발해 회절과 간섭 현상을 일으키는 빛의 파동성으로 증명되었다. 상대성이론은 빛의 속도만큼 빠르게 움직이는 가속의 세계를, 양자역학은 입자만큼 작은 빛의 미시세계를 더 잘 설명해주는 법칙이다.

특수상대성이론이 "빛은 언제나 같은 속도로 움직인다"라는 광속불변의 원리에 기초하고 있다면, 일반상대성이론은 "관성과 중력은 동등하다"라는 등가원리에 기초하고 있다. 아인슈타인이 설명하는 상대적 시공간의 세계는 이렇다. 서로 다른 속도로 움직이는 사람에게 시간과 공간은 상대적이다. 빠르게 움직이는 사람에게 시간은 더 천천히 흐르고 길이는 더 짧게 보인다. 또 중력이 강한 곳에서는 시간이 더 천천히 흐르고 길이가 줄어든다. 중력이 강한 곳에서는 공간이 수축하면서 빛도 휘는 것처럼 보이는데, 거대중력이 작용하는 블랙홀에서는 빛이 휘다 못해 소용돌이치기도 한다.

아인슈타인의 상대성이론은 시간과 공간의 절대성에 종언을 고하는 한편 빛이 시간과 공간의 과학이라는 점을 밝혀냈다. 인류가 시간 여행을 꿈꿀 수 있는 근거를 제시했고, 빛을 효율적인 에너지의 응집체로 활용하기 위한 기술적 토대를 마련하기도 했다. 레이저는 시간상으로나 공간상으로나 결이 잘 맞는 빛을 이용해 세기를 증폭시킨 것인데, 이 레이저를 폭이 좁은 펄스 형태로 만들고 에너지를 증폭시키면 고출력 극초단 레이저로 만들 수 있다. 이 레이저는 가장 단단한 물질인 금속을 가공하는가 하면 우주까지 가서 쓰레기를 처리하는 데 이용될 만큼 에너지가 강해 '극강의 빛'이라 불리기도 한다. 레이저를 이용해 피사체를 3차원 입체 영상으로 재현하는 홀로그램은 광학 기술과 영상 예술의 융합이

피워낸 가장 화려하고 아름다운 빛의 과학이다.

과학이 세상의 이치와 진리를 탐구하는 영역이라면 미술은 그 진리를 향하는 방향에서 일어나는 현상을 모든 감각을 동원하여 표현하는 영역이다. 과학은 차가운 이성의 영역이라고 하지만 사실 눈에 보이지 않고 확실히 예측하기도 어려운 세계를 다루기 때문에 그러한 세계를 미리 그려볼 수 있는 상상력 또한 필요하다. 미술의 영역에서는 보이지 않는 것을 보이게 하는 시각화 작업을 위해 과학에서 영감을 얻기도 하고 과학기술을 직접적인 도구로 사용하기도 한다. 그러니까 과학과 예술은 서로에게 영감의 원천이며 서로의 발전을 응원하는 동반자이기도 하다.

상대성이론이 제시한 시간과 공간의 상대성 개념은 예술가들에게 자연과 사물을 다른 관점에서 바라보도록 자극했다. 특히 피카소를 비롯한 입체주의 화가들은 매우 직접적인 방식으로 시간과 공간의 상대성을 시각화했다. 그들은 시간과 공간에 대한 자신의 상대적 관점에 따라 여러 시점과 의미를 중첩하고 통합함으로써 새롭게 해석된 자연과 사물을 보여주었다. 그런가 하면 초현실주의적 상상력으로 상대성이론을 표현한 화가들도 있었다. 시간이 멈춰진 일그러진 시계를 통해 시간 팽창과 공간 수축을 동시에 표현하는가 하면, 서로 다른 시간에 관찰한 사람의 동작을 모아한 화면에 담아냄으로써 시간과 공간의 절대성에 대한 의문을 시각화하기도 했다.

빛은 생명의 시작이자 끝이다. 빛은 스스로 하나의 물질이면서, 동시에 다른 물질을 분석하고 에너지를 만들어낸다. 빛은 입자이면서 파동이다. 빛은 시간을 제어하고 공간을 해체한다. 우리는 빛을 좇아 여기까지 왔지만 한 번도 빛과 나란히 보폭을 맞출 수는 없었다. 시간이 아니라 빛의 속도가 절대성을 갖기 때문이다. 이제 마지막 한 발을 내디뎌 20세기의 가장 위대한 과학자, 알베르트 아인슈타인을 만나야 할 시간이다.

언제나 일정한 빛의 속도

아이작 뉴턴으로 대변되는 고전물리학에서 공간은 고정된 좌표를 가지고 있으며 물질의 움직임과 상관없이 절대적으로 존재한다. 이 절대 공간에서 이루어지는 모든 물체의 운동은 수학적으로 명확하게 기술할 수 있다. 절대 공간에서 빛은 오직 직진할 뿐이며, 빛을 이용해 측정하는 물체의 길이는 관찰자의 운동 상태에 상관없이 특정 절댓값을 갖는다.

뉴턴의 역학은 시간에 따라 변화하는 입자들의 위치 변화를 기술하고자 하는 학문이라고도 할 수 있다. 뉴턴의 역학은 갈릴레오 갈릴레이Galileo Galilei가 제안한 '갈릴레이 변환'을 따른다. 시간의 절대성을 전제로 하는 갈릴레이 변환은 일정 시간이 흐른 다음 입자의 위치는 원래 위치에 속도와 시간의 곱을 더한 만큼 변한다는 공식에 따른다.

19세기와 20세기에 걸쳐 과학계에서는 고전물리학이 근거로 삼는 '절대성'에 대한 의문이 활발하게 제기되었다. 아인슈타인은 1905년 특수상대성이론을 통해 시간과 공간이 상대적이라는 점을 밝혔다. 1915년에는 특수상대성이론의 적용 범위를 더 넓힌 일반상대성이론을 통해 강력한 중력이 빛과 시공간을 휘게 하고 시간을 천천히 흐르게 하는 원리를 밝혔다. 아인슈타인의 상대성이론은 시간과 공간의 절대성에 종언을 고하고 고전물리학의 자연 법칙을 대체했다.

아인슈타인의 특수상대성이론은 '상대성원리'와 '광속불변의 원리'라는 두 가지 가설에 기초했다. 갈릴레오가 제안했던 상대성원리는 관찰자가 정지해 있거나 같은 속도로 움직이는 경우 모든 물리법칙은 동일하게 적용된다는 원칙이다. 갈릴레오는 천동설과 지동설이라는 두 우주 체계에 관한 분석을 담은 《대화Dialogo》라는 책에서 상대성원리에 관해 이렇게 설명한다. 일정 속도로 움직이는 배와 멈춰 있는 배에서 낙하 실험을 할 때 물방울은 똑같이 수직으로 떨어진다. 움직이는 배는 물방울이 떨어지는 동안 절대 위치가 달라진다. 하지만 물방울은 여전히 수직으로 낙하해 바닥의 그릇에 정확히 떨어진다. 갈릴레오의 상대성원리에 따르면, 측정하는 사람의 운동 상태에 따라 상대적으로 달라지는 물리량은 속도뿐이다. 자동차에 탄 사람과 자전거를 타고 있는 사람이 각각 측정하는 달리는 기차의 속도가 다르다는 것은 우리가 일상의 경험을 통해 이미 알고 있는 사실이다.

광속불변의 원리는 빛의 속도가 관찰자의 속도나 광원의 속도와 관계없이 언제나 일정하다는 것이다. 아인슈타인이 의문을 가졌던 점은 빛이 상대성원리를 따르지 않는다는 것이었다. 상대성원리에 따르자면, 누군가 빛의 속도로 달릴 수 있어서 빛과 나란히 함께 간다면 빛이 정지한 것처럼 느껴야 한다. 하지만 빛은 그렇지 않았다. 빛의 속도가 초속 30만 킬로미터이니 어떤 야구선수가 초속 20만 킬로미터로 야구공을 던진다면 야구공이 바라본 빛의 속도는 초속 10만 킬로미터가 되어야 한다. 하지만 빛은 여전히 초속 30만 킬로미터로 이동한다. 어떤 속도로 달리면서 바라보아도 빛은 자신의 속도인 초속 30만 킬로미터를 유지한다. 시간이나 공간이 아니라 빛의 속도가 절대성을 가진 셈이다.

이러한 광속불변의 원리를 발견한 과학자는 1887년 에이브러햄 마이컬슨Abraham Michelson과 에드워드 몰리Edward Morley다. 두 명의 과학자가 애초에 하려던 실험은 당시에 빛의 진동을 전달하는 가상의 물질로 여겨졌던 에테르의 존재를 증명하는 것이었다. 실험을 반복한 결과 에테르는 존재하지 않는다는 결론에 이르렀지만, 대신 빛이 어떤 운동 상태에 있든 늘 속도가 같다는 사실을 발견했다. 이는 우리가 생활 속에서 경험하는 바와도 일치한다. 가령 GPS는 인공위성에서 나온 빛으로 위치를 측정하는 장치인데, 인공위성에서 나오는 빛의 속도가 일정하지 않다면 위치 정보에 오차가 발생할 것이다. 빛의 속도가 언제나 일정하다는 것은 빛이 전자기파라는 점을 밝혀낸 맥스웰과 헤르츠에 의해서도 실험으로 증명되었다.

나의 시간은 너의 시간과 다르게 흐른다

아인슈타인은 "빛의 속도는 변하지 않는다"는 것을 상수로 두고 서로 다른 운동 상태에 있는 관찰자가 측정하는 물리량이 달라질 수 있다는 가설을 세워 상대성원리 대신 특수상대성이론을 정립했다. 그리고 가설을 설명하기 위한 수학적 공식으로 갈릴레이 변환 대신 '로런츠 변환'을 채택했다. 로런츠 변환은 네덜란드의 이론물리학자인 헨드릭 안톤 로런츠Hendrik Antoon Lorentz가 전자기파 현상 연구를 위해 만든 것으로, 정지 상태에 있는 관찰자가 측정한 물리량을 일정 속도로 달리고 있는 관찰자가 측정한 물리량으로 환산하는 식이다.

특수상대성이론으로 설명할 수 있는 대표적인 현상은 동시의 상대성, 시간 지연, 길이 수축이다. 동시의 상대성이란 동시에 일어난 사건이라 하더라도 관찰자의 운동 상태에 따라 상대적으로 더 빠르거나 더 느리게 관측된다는 것이다. 당신이 버스 앞쪽의 좌석에 타고 있는데 버스의 앞부분과 뒷부분에서 동시에 번개가 쳤다고 가정해보자. 버스 바깥에 서 있던 사람은 두 번개가 동시에 쳤다고 생각하지만, 버스에 타고 있던 당신은 앞쪽에서 친 번개를 먼저 보고 뒤쪽의 번개를 볼 것이기 때문에 두 번개가 동시에 관측되지 않는다.

시간 지연은 관찰자의 운동 상태에 따라 똑같은 속도로 발생한 두 사건의 시간 간격이 다르게 관측된다는 것이다. 비행하는 우주선 안에 아주 빠르게 움직이는 물체가 있다고 가정해보자. 우주선에 타고 있는 사람은 이 물체가 천장에서 바닥으로 떨어지는 데 3초가 걸린다고 관측할 때 우주선 밖에 있는 사람은 그 시간이 5초로 관측된다.

길이 수축은 시간 지연이 일어나면 필연적으로 따라오는 현상이다. 관찰자의 운동 상태에 따라 물체의 길이가 다르게 보이는데, 움직이는 사람에게 길이가 더 짧게 관측된다. 시간 지연과 길이 수축 모두 관찰자의 운동 상태에 따라 공간 좌표가 상대적으로 달라지면서 발생하는 일이다.

아인슈타인은 상대성원리를 받아들이면서 빛의 속도가 일정하다는 원칙을 유지하기 위해서는 등속 운동을 하는 두 관찰자가 측정하는 물리량이 달라질 수밖에 없다고 생각했다. 그러자면 시간과 공간에 대한 절대성이 깨져야 했다. 뉴턴의 역학에서는 절대적 시간의 기준과 절대적 공간의 기준이 있었다. 이 절대적 시간과 공간에서 물질은 시간의 흐름과 공간 구조에 영향을 미칠 수 없다. 하지만 특수상대성이론에서는 시간과 공간이 통합되며, 관찰자의 운동 상태에 따라 시간이나 공간이 바뀔 수 있다.

아인슈타인의 특수상대성이론에서는 서로 다른 공간에 있는 사람에게 시간이 서로 다른 속도로 흐른다. 물론 시간 지연과 같은 현상은 빛의 속도에 가까운 아주 빠른 속도를 가진 물체의 운동에서만 관측되기 때문에 평범한 지구인으로 살아가는 우리가 실제로 경험하는 일은 매우 드물다. 하지만 빠르게 움직이는 물체에서 시간이 더 천천히 흐른다는 물리학적 이론은 인류가 시간여행을 꿈꾸도록 하는 근거를 제시했다. 빛의 속도에 가깝게 움직이는 우주선을 타고 우주여행을 가면 우주선 안의 시간은 지구의 시간에 비해 상대적으로 천천히 흐른다. 따라서 우주선의 방향을 돌려서 지구로 돌아왔을 때 우주비행사는 먼 미래의 시간을 만나게 된다. 이것이 크리스토퍼 놀란 감독의 영화 〈인터스텔라〉에서 그리고 있는 세계이기도 하다.

보이지 않지만 실재하는 블랙홀의 검정

특수상대성이론의 한계는 정지해 있거나 같은 속도로 운동하는 상태에서만 적용된다는 것이었다. 두 관찰자 중 한 사람이라도 가속도가 붙는 운동 상태에 있다면 다른 물리법칙이 필요했다. 이 문제를 해결하기 위해 고민하던 아인슈타인이 발견한 것은 가속도와 중력이 같은 현상을 낳는다는 점이었다. 가속 상태에 있는 물체가 멈추면 가속이 진행되는 반대 방향에서 힘을 받는데, 이힘을 관성력이라고 한다. 달리던 차가 갑자기 정지하면 몸이 앞으로 쏠리는 현상을 떠올리면 된다. 그런데 이것은 그쪽으로 중력을 받았다는 것으로도 해석할 수 있다. 이는 관성력과 중력이 같은 것이라는 의미였다. 일반상대성이론은 중력의 질량과 관성력의 질량이 동등하다는 등가원리를 바탕으로 하고 있다.

일반상대성이론은 중력이 강한 곳에서 시간이 천천히 흐르고 공간이 줄어드는 현상을 설명한다. 중력이 작용한다는 것은 곧 관성이 작용한다는 의미이다. 멈춰 있는 물체에는 관성도 중력도 작용하지 않는다. 달리는 트럭에서 공을 공중으로 던지면 트럭에 타고 있는 사람에게는 공의 운동이 직선으로 보인다. 트럭과 사람이 같은 중력을 받고 있어서 사실상 무중력 상태이기 때문이다. 하지만 바깥에서 트럭을 바라보는 사람에게는 트럭만 가속도 상태에 있으므로 공의 운동이 곡선으로 보인다.

일반상대성이론은 중력이 강한 곳에서 빛이 휘면서 진행하는 현상도 설명한다. 관성과 중력이 작용하지 않는 트럭에서 빛을 쏘면 빛은 직진한다. 하지만 달리는 트럭에서 빛을 쏘고 이것을 바깥에서 바라보면 빛이 휘어져 보인다. 공이 곡선을 그리며 떨어지는 것으로 보이는 것처럼 말이다. 달리는 트럭에서 작용하는 중력이 빛을 휘게 만든 것이다. 좀 더 정확하게 표현하면 중력이 공간을 수축하게 해서 빛이 휘어져 진행하는 것으로 보이게 하는 것이다. 매우 강한 중력이 작용하는 시공간 영역인 '블랙홀'에서는 빛이 휘다 못해 소용돌이치는데, 이러한 현상 역시 일반상대성이론으로 설명할 수 있다.

아인슈타인의 일반상대성이론이 발표될 당시 이 난해한 이론을 완벽하게 이해한 사람으로 독일의 천문학자 카를 슈바르츠실트Karl Schwarzschild가 등장했다. 슈바르츠실트는 강한 중력에 의해 시공간은 물론 빛이 휠 수 있다고 한 아인슈타인의 이론에 근거해 다음과 같은 블랙홀 모델을 제안했다. "우주에 막대한 질량을 가진 천체가 존재한다면, 그 천체 주변에 가상의 경계가 만들어질 수 있다. 어떤 것도 빠져나올 수 없는 이 경계를 사건의 지평선event horizon, 즉 '어떤 지점에서 일어난 사건이 어느 영역 바깥쪽에 있는 관찰자에게 아무런 영향을 미치지 못하는 시공간의 경계'라고 한다." 이 블랙홀 모델은 스티븐 호킹Stephen W. Hawking을 비롯한 여러 과학자에 의해 수정되고 다듬어졌다.

아인슈타인은 블랙홀이 존재할 가능성을 이론으로 제시했지만 실제로 관측하지는 못했다. 인류 역사상 최초로 블랙홀이 관측된 것은 2019년이다. 지구에서 약 5,500만 광년 떨어진 처녀자리 은하 M87의 중심부에서 관측된 이 블랙홀에는 미국 하와이 지역의 고대 천지창조 신화에서 유래한 '포웨히Powehi'라는 이름이 붙여졌

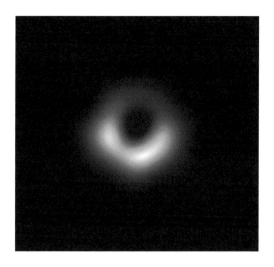

인류 역사상 최초로 관측된 블랙홀 '포웨히'

다. 그것은 이 블랙홀이 하와이에 설치된 두 대의 망원경을 통해 관측되었기 때문이다. 포웨히는 '끝없이 창조되는 어둠의 원천이자 깊이를 알 수 없는 어두운 창조물'이라는 의미를 지니고 있다.

강력한 중력에 의해 블랙홀의 주변 시공간은 휘어져 있다. 이 휘어진 시공간 근처로 가면 모든 것이 안으로 빨려 들어가 다시 빠져나올 수 없게 된다. 빛조차도 모두 빨아들이기 때문에 우리는 블랙홀이 있다는 것은 알지만 눈으로 보지는 못한다. 존재하지만 보이지는 않는 것이다. 우리가 색을 본다는 것은 빛이 물체 표면에서 반사되어 눈으로 들어오기 때문이다. 검은색으로 보인다는 것은 모든 빛을 흡수해 우리 눈에 아무런 빛을 보내주지 못한다는 것이다. 블랙홀의 경우 강한 중력으로 인해 주변의 천체들이 움직이는 궤도를 왜곡시킨다. 따라서 왜곡되어 궤도가 휘어진 천체들로부터 블랙홀의 존재 여부를 유추할 수 있다.

우주에서 가장 신비한 존재라고 할 수 있는 블랙홀은 미술가들에게 검은색이 갖는 독특한 실재성에 관한 상상력을 불러일으킨다. 색깔이 아니면서도 색깔인 모순적인 검은색의 실재성은 존재의 깊은 심연으로 미술가들의 영혼을 초대한다.

최근에는 모든 빛을 빨아들이는 극도의 검정이 등장하기도 했다. '반타블랙vantablack'이라는 물질인데 빛을 99.965퍼센트 흡수해 사실상 우리가 눈으로 인지할 수 있는 수준에서 완벽한 검정을 구현한다. 이 극도의 검정은 빛을 모두 흡수해버려 산란과 반사가 없으므로 물질의 입체감을 완벽하게 없애버리고 2차원의 평면으로 보이게 한다.

영국의 서리나노시스템즈라는 회사는 자사가 개발한 반타블랙을 예술적으로 사용할 권한을 영국 조각가 아니쉬 카푸어Anish Kapoor에게 독점적으로 주었다고 한다. 카푸어는 반타블랙 도료를 2.5미터 구멍에 칠해 무한하게 낙하하는 이미지를 구현했다. 반타블랙에서 빠져나오는 빛이 전혀 없어 구멍은 2차원 그림처럼 보인다. 실제로 한 관람객이 바닥에 그려진 원인 줄 알고 무심코 발을

3차원 조각에 반타블랙을 입힌 모습

내디뎠다가 이 구멍으로 추락하는 사고가 일어나기도 했다.

카푸어가 극도의 검정을 이용해 표현하고자 한 것은 무엇일까. 비어 있으나 비어 있지 않고, 비어 있는 공간조차 암흑으로 가득 차 있다는 것은 모순적이고 역설적이다. 숨김으로써 더 잘 드러나 보이거나 혹은 숨김을 통해서만 드러나는 검정의 역설, 그것을 통해 카푸어는 모든 빛을 흡수해버린 암흑 속에 감춰진 우주의 생명력을 보여주려고 했던 것일까. 생명의 기원과 우주의 신비를 시각적으로 잘 설명하는 데에 극도의 검정보다 더 적절한 색은 없을 것 같다.

아니쉬 카푸어, ⟨림보 속으로 하강⟩, 1992년

빛의 이론이 응축된 레이저 기술

아인슈타인의 상대성이론은 광전효과 이론과 결합하면서 빛을 효율적인 에너지의 응집체로 활용할 수 있는 다양한 기술 개발의 토대가 되었다. 가장 대표적인 것이 레이저 기술이다. 주변을 돌아보면 우리 일상에서 레이저 기술이 얼마나 광범위하게 쓰이는지 알게 된다. 레이저 프린터, 바코드 스캐너, 레이저 치료 도구 등 일일이 열거하기 어려울 정도이다.

원자 내부의 들뜬 상태에 놓여 있는 전자에 외부에서 일정한 진동수의 자극을 주면 전자가 바닥 상태로 내려오면서 같은 진동수의 빛을 방출한다. 이것이 레이저 기술의 기본 원리이다. 자연은 안정된 바닥 상태를 좋아하기 때문에 물질 내부의 분자나 원자를 인위적으로 들뜬 상태에 올려주면 바닥 상태로 내려오고자 한다. 이때 바닥까지 내려가는 동안 계단의 차이에 해당하는 에너지 크기만큼 빛을 방출한다. 일반적으로 물질 내부의 분자나 원자가 에너지 계단을 내려올 때 방출되는 빛은 사방으로 골고루 퍼져나간다. 빛을 방출할 가능성과 빛의 편광도 확률적으로 랜덤하게 일어난다. 이러한 일반적인 상황을 '자발 방출'이라고 한다. 자발 방출은 보어가 원자모형을 제시할 때 처음으로 가설로 제안되었다.

이와 달리 '유도 방출'은 원자가 들뜬 상태의 높은 에너지 상태에 있다가 외부에서 입사된 빛으로부터 자극을 받아 빛을 방출하는 것이다. 이때 원자를 자극한 외부의 빛과 방출된 빛의 파장은 동일하다. 즉 원자를 자극하기 위해 입사되는 빛과 방출되는 빛은 '결맞음' 상태에 있다. 결맞음이란 빛의 위상이 서로 같아서 간섭을 잘 일으키는 성질을 말한다. 두 파동이 만날 때 서로 같은 방향으로 진동하면 진폭이 커지는 보강 간섭이 일어난다. 그렇지 않고 서로 반대 방향으로 진동하면 진폭이 작아지거나 사라지는 상쇄 간섭이 일어난다. 두 파동의 결이 맞지 않으면 간섭 현상이 마구잡이로 랜덤하게 나타난다.

두 파동의 결이 정확하게 맞으면 빛의 세기가 두 배가 된다. 악기의 울림통을 이용해 소리를 키우는 것이 정확히 이 결맞음을 이용한 것이다. 과학자들은 유도 방출 원리를 이용해 큰 세기로 증폭된 빛을 뿜어내는 장치를 고안했는데, 이것이 바로 레이저 장치이다. 레이저의 영어를 직역하면 '복사의 유도 방출 과정에 의한 빛의 증폭LASER, Light Amplification by Stimulated Emission of Radiation'이다. 1958년 벨전화연구소의 아서 레너드 숄로Arthur Leonard Schawlow가 유도 방출에 의한 마이크로파의 증폭을 설명하면서 레이저의 가능성을 알렸고, 후에 그는 레이저 분광학 발전에 공헌한 업적으로 1981년 노벨물리학상을 받았다.

레이저의 원리를 좀 더 구체적으로 설명하면 이렇다. 두 개의 거울이 마주 보게 하고 그 사이에 빛을 잘 방출하는 물질을 채운다. 외부에서 이 물질에 에너지를 넣어 물질 안의 원자들을 들뜬 상태로 만들어준다. 유도 방출로 인해 원자 밖으로 나온 빛은 양쪽의 거울에서 왔다 갔다 반사되어 증폭된다. 한 개의 거울은 모든 빛을 반사하고, 다른 거울 하나는 반사율을 조금 낮게 만들어 증폭된 빛 일부를 바깥으로 빼낸다. 이렇게 빠져나온 빛이 레이저인 셈이다.

레이저는 자연 상태에서 사방으로 퍼지는 빛을 한 방향으로 모아 세기를 극대화한 시스템이다. 따라서 특정 방향으로 직진성이 좋다. 얼마나 직진성이 좋은가 하면, 지구에서 달을 향해 레이저를 쏘면 달의 표면에 놓인 거울에서 반사되어 다시 지구로 돌아오는 빛을 관찰할 수 있을 정도다. 빛의 속도는 일정하므로 이 방법으로 지구와 달의 거리를 잴 수 있다.

또 레이저는 빛을 증폭하는 매질에 따라 다른 색으로 발광한다. 가령 타이타늄 사파이어$^{Ti:Sapphire}$를 매질로 사용하면 빨간색에서 근적외선에 이르는 아주 긴 파장의 빛이 만들어진다. 적외선 파장의 스펙트럼에는 여러 가지 분자의 고유 지문과 같은 파장들이 나타나기 때문에 이를 이용해 물질의 성분을 분석하기도 한다. 타이타늄 사파이어 레이저는 필자가 빛 연구를 시작했을 때 처음 배우고 접했던 대표적인 고출력 펄스 레이저이다. 그로부터 지금까지 20년 동안 이 신비로운 레이저를 이용해 여러 가지 물질

**작가의 실험실에서
타이타늄 사파이어 레이저로
만들어낸 빛**

의 시공분해 동역학을 이해하기도 하고 테라헤르츠파를 발생시켜 초광대역 스펙트럼에서 분광 연구를 하는 등 다양한 방법으로 연구에 활용하고 있다. 레이저는 공간과 시간의 차원에서 모두 정교하고 정확하게 결이 맞는 빛이다. 원자가 빛을 방출할 때 공간상에서 거울을 이용해 같은 방향으로 진행하는 빛만 모아 만들었다. 또 시간상에서 위상이 맞는 결맞음을 이용해 정확히 같은 주기로 진동하는 파동을 이용해 빛의 세기를 증폭했다. 시간과 공간의 절묘하고 완벽한 조화가 이루어질 때 비로소 강한 에너지의 응축이 일어날 수 있다. 이 빛은 우주까지 날아갈 수 있을 만큼 강한 에너지를 지녔다.

찰나의 순간에 극강의 에너지를 만들다

우리가 자주 쓰는 '눈 깜빡할 사이에'라는 말은 얼마나 짧은 시간일까. 사람의 몇 가지 감각 중에서도 '시각'은 매우 즉각적이고 직접적인 작용으로 이루어진다. 눈으로 어떤 사물을 보고 그 이름을 떠올리기까지 걸리는 시간은 거의 실시간에 가까우므로 미처 인지하기가 어렵다. 실제로 우리의 시각 작용은 백만분의 1에서 천만분의 1초 단위에서 벌어지는 사건들의 연쇄 반응이다. 그리고 눈의 깜빡임은 수십 분의 1초 정도 되는 시간에 일어나는 사건으로 우리에게는 이렇게 짧은 시간을 인지할 능력이 없다. 당연히 1초에 약 30만 킬로미터를 이동하는 빛의 속도를 우리의 시각으로 인지하는 것은 애초에 불가능하다.

과학자들은 빛을 시간과 공간의 차원에서 해석한다. 시간상에서 계속해서 존재하는 빛도 있고 짧은 시간 간격으로 켜졌다 꺼졌다 깜빡거리는 빛도 있다. 레이저 역시 레이저 광선이 연속적으로 발생하는 연속 레이저와 카메라 플래시처럼 아주 짧은 시간만 켜졌다가 꺼졌다가를 반복하는 펄스 레이저로 나뉜다. 레이저를 짧은 시간 단위로 켜고 끄고를 반복하면 일종의 펄스 형태로 만들 수 있는데, 이 펄스의 폭을 줄이고 에너지를 증폭시키는 일련의 압축 과정을 반복해서 거치면 세기가 더욱 강해진 고출력 레이저 광원을 만들 수 있다. 출력이 높고 펄스의 폭이 매우 짧은 고출력 극초단 레이저는 펄스의 너비 단위가 펨토초[fs]이다. 1펨토초는 천조 분의 1초 수준이다. 미국 캘리포니아공대 아메드 즈웨일 Ahmed Zweil 교수는 펨토초 레이저를 이용해 극도로 짧은 시간에 일어나는 화학반응에 관한 연구로 1999년에 노벨화학상을 받았다.

미시세계에서 원자나 분자들은 매우 짧은 시간에 빠르게 움직이면서 상호작용한다. 1초에 수 킬로미터를 갈 수 있는 속도로 빠르게 움직이는 원자의 운동을 관찰하거나 제어하려면 수백 펨토초 정도의 시간분해능(얼마나 빠른 움직임까지 가늠할 수 있는지 관찰하는 능력)이 가능한 장치가 있어야 하는데, 그것이 바로 '펨토초 레이저'이다. 2018년에는 고출력 극초단 레이저 시대를 연 공로로 제라르 무루Gerard Mourou, 도나 스트리클런드Donna Strickland, 아서 애슈킨Arthur Ashkin이 공동으로 노벨물리학상을 받았다. 무루와 스트리클런드가 고출력 극초단 레이저를 개발했고, 애슈킨은 초정밀 레이저를 활용해 미시세계를 개척한 공로를 인정받았다.

고출력 극초단 레이저를 특정 물질에 비추면 극도로 짧은 시간에 빛의 에너지를 물질에 전달해 열을 발생시키지 않고도 강한 자극을 일으킬 수 있다. 수술이나 정밀기계의 가공과 같이 정확하고 미세한 구멍을 내는 데 활용되기도 한다. 펨토초 레이저를 고체에 입사시키면 일시적으로 발생하는 플라스마에 의해 고체 표

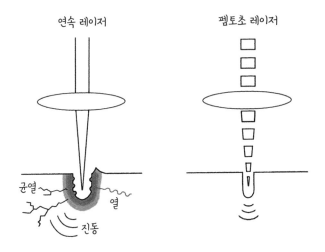

연속 레이저

펨토초 레이저

균열

열

진동

연속 레이저를 이용한 가공과 펨토초 레이저를 이용한 가공의 차이

면의 원자들이 외부로 떨어져 나가는데, 이를 '어블레이션ablation' 현상이라 한다. 연속 레이저를 사용하면 불가피하게 열과 균열, 진동 등 부작용이 발생하게 마련인데, 펨토초 레이저는 물질에서 의도한 크기만큼의 원자만 떼어내기 때문에 부작용이 훨씬 적다.

연속 레이저를 이용한 가공을 토치를 이용한 연마 작업에 비유한다면, 펨토초 레이저를 이용한 가공은 망치로 원자를 깨는 것에 비유할 수 있다. 근래에 피부 미용이나 의료용 레이저로 더 짧은 피코초 또는 펨토초 레이저를 이용하는 방향으로 추세가 바뀌고 있다. 흥미로운 것은 펨토초 레이저를 이용해 물질의 원자들을 떼어내는 어블레이션 현상을 이용해 금속처럼 단단한 물질까지도 자유롭게 가공하는 것이 가능하다는 점이다. 그것도 눈 깜빡할 시간보다 훨씬 빠르게 말이다. 고출력 극초단 레이저를 '극강의 빛'이라 부르는 이유이다.

빛이 재현한 기억, 홀로그램

어린 시절 영화 〈쥬라기 공원〉을 보며 스크린에서 당장이라도 공룡이 튀어나올 것 같아서 심장이 두근거렸던 기억이 아직도 생생하다. 공룡의 모습이 너무나 사실적이었던 데다 박진감 넘치는 음향효과까지 더해져 손에 땀을 쥐며 영화에 몰입했던 것 같다. 2015년에 다시 돌아온 〈쥬라기 월드〉는 쥬라기 시리즈 가운데 가장 훌륭하다는 호평을 받으며 흥행에서도 크게 성공했다. 〈쥬라기 월드〉에서 눈에 띄게 달라진 부분은 아날로그 특수효과의 비중이 확연히 줄고 상당수 공룡이 컴퓨터그래픽으로 처리된 점이었다. 특히 영화의 주요 배경으로 나오는 삼성이노베이션센터에서 홀로그램 이미지로 보여준 실제 크기의 입체적인 공룡 모습은 영화 속 등장인물들은 물론이고 관객들의 시선마저 단번에 사로잡았다.

지구상에서 완전히 사라진 공룡을 실제 모습과 유사한 3차원 입체 영상으로 보여주는 것이 어떻게 가능한 걸까. 홀로그램은 두 개의 레이저 광선이 만나 일으키는 빛의 간섭 현상을 이용해 사물의 입체적인 형태에 대한 정보를 기록하고 재현하는 기술이다. 홀로그램hologram의 영어는 그리스어로 '완전함'을 뜻하는 holos와 '기록하다'를 의미하는 gram을 합쳐서 만든 단어이다. 홀로그램의 기본 원리는 1947년 전자 현미경을 개발하던 데니스 가보르Dennis Gabor가 처음 제안했다. 하지만 본격적으로 기술 개발이 시작된 것은 1960년대에 빛의 간섭 효과를 극대화할 수 있는 레이저가 개발된 이후였다. 가보르는 홀로그램 기술을 개발한 공로로 1971년 노벨물리학상을 받았다.

홀로그램은 빛을 이용해 대상의 정보를 기록하고 재현한 것이라는 점에서 사진과 유사하다. 다만 홀로그램은 2차원이 아닌 3차원으로 대상을 재현한다는 점이 다르다. 대상을 3차원으로 재현하기 위해 홀로그램은 두 개의 빛이 만났을 때 생기는 간섭무늬 현상을 이용한다. 이때 두 개의 빛은 파동 위상이 시간적으로나 공간적으로나 일치해야 하는데 레이저가 개발됨으로써 이 문제가 해결된 것이다.

홀로그램 이미지를 생성하려면 레이저 광원을 두 개로 분리한 다음 하나는 거울로 반사해 스크린으로 보내고, 다른 하나는 재

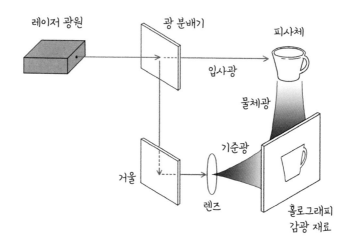

레이저를 활용한 홀로그램 이미지 생성 원리

현하고자 하는 피사체의 표면에서 반사되어 스크린에 도달하게 한다. 거울에서 반사된 빛은 아무런 정보도 없는 기준광이고, 피사체에서 반사된 빛은 정보를 가지고 있는 물체광이다. 스크린에서 만난 두 빛은 간섭 현상을 일으키며 홀로그램 이미지를 생성한다. 재현하고자 하는 피사체가 입체적이라면 피사체의 각 부분에서 스크린까지 도달하는 빛의 길이가 다르고 간섭무늬 모양이 달라질 것이다. 피사체의 입체감에 대한 정보를 빛이 기억했다가 스크린에 재현하는 것이다. 스크린이 있던 위치에 감광지를 놓고 빛에 노출하면 이 간섭무늬가 그대로 기록된다.

홀로그램으로 재현된 가수 김광석의 모습

홀로그램은 이미 다양한 형태로 우리 삶의 깊숙한 곳까지 들어와 있다. 홀로그램 이미지를 감광지 같은 재료에 인화하여 만들어진 것이 신용카드나 지폐에서 사용하는 위조방지용 홀로그램이다. 또는 홀로그램 이미지를 특정 각도에서 잘 보이도록 허공에 띄울 수도 있다. 영화 〈쥬라기 공원〉에서 선보인 것이 바로 이러한 기법이다.

홀로그램이야말로 광학 기술과 영상 예술이 만난 대표적인 융합 기술이다. 최근에는 미술 전시회나 음악 공연 등에서도 홀로그램을 많이 이용하고 있다. 한 음악 공연에서는 고인이 된 가수 김광석의 모습을 홀로그램으로 재현해 큰 화제가 되기도 했다. 기타를 치면서 노래를 부르는 생전의 모습 그대로 부활한 김광석을 보면서 많은 팬들이 큰 감동과 기쁨을 맛보았다. 홀로그램 이미지는 진짜 모습이 아니라는 것을 알고 있는데도 손에 잡힐 듯한 생생한 실재감이 느껴졌기 때문이다. 빛이 선사해주는 마법 속에서 우리는 사라진 과거의 시간마저 눈앞으로 불러올 수 있게 되었다.

시간의 흐름을 붙잡고자 한 미술가들

아인슈타인의 상대성이론은 양자역학과 더불어 오늘날 자연의 법칙을 설명하는 가장 기본적이고 중요한 이론이다. 상대성이론은 결정론을 따르고 양자역학은 확률론적 결정론을 따르기 때문에 두 이론은 결코 완전히 통합되기 어렵겠지만, 두 이론이 고전 물리학을 대체한 물리학의 핵심 이론인 것은 확실하다. 상대성이론이 제시한 시간과 공간의 상대성 개념은 미술, 음악, 문학, 건축 등 예술과 사회 전반에 걸쳐 자연과 사물을 전혀 다른 관점에서 바라보도록 하는 신선한 자극제가 되었다. 특히 미술계에서는 절대적인 형태와 색상을 부정하고 객관적으로 표현되는 모든 방식을 거부하는 움직임이 활발하게 일어났다. 아인슈타인이 상대성이론을 통해 우리의 물리적 경험이 절대적 진실이 아닐 수도 있다

파블로 피카소, 〈아비뇽의 처녀들〉, 1907년

는 것을 밝혔듯이, 미술가들은 의도적인 비틀기와 부조화를 통해 우리가 알고 있는 진실이 실은 거짓일 수도 있다는 점을 상기시키려 했다.

　상대성이론이나 양자역학 등 기존의 이론을 뒤집는 새로운 발견들에서 특히 많은 영감을 받은 것은 피카소를 비롯한 입체주의 화가들이었다. 피카소는 〈아비뇽의 처녀들〉에서 여인들의 앞모습과 옆모습을 동시에 보여주며 모든 '객관적 실체'를 부정하고 고정

관념을 부수고자 했던 그의 의도를 고스란히 드러낸다. 시간과 공간의 절대성이 무너진다면 우리가 진짜 모습이라고 생각해온 실체 또한 그 형태가 얼마든지 다르게 보일 것이라 해석한 것이다. 입체주의 화가들은 매우 직접적인 방식으로 시간과 공간의 상대성을 시각화했다. 그들은 관찰자 위치의 이동에 따라 대상 역시 여러 가지 형태를 가질 수 있고, 순차적인 시간에 따라 일어나는 사건들을 겹쳐서 동시에 표현하는 것 역시 가능하다고 생각했다. 화가가 바라보는 사물의 형태와 색상은 어떤 특정 시각에 관찰한 모습인데, 만약에 시간의 흐름이 절대불변이 아니라면 이 찰나의 모습 또한 충분히 통합될 수 있다고 여긴 것이다.

시공간의 통합을 가장 절묘하게 시각화한 것으로 여겨지는 작품은 마르셀 뒤샹의 〈계단을 내려오는 누드 2〉이다. 이 그림에서 뒤샹은 다른 시간에 관찰한 사람들의 동작을 모아 한 화면에 담아냄으로써 시간과 공간의 절대성에 대한 의문을 시각화했다. 이 그림은 마치 카메라 셔터를 천천히 눌러서 촬영한 사진처럼 보인다. 카메라 노출 시간이 길어지면 사물의 형태가 움직임에 의해 빛과 함께 흩어지듯이, 그림의 여인 이미지도 조각조각 분절되고 파편화되었다. 뒤샹은 그림에서 시간의 흐름과 공간의 변화를 동시에 표현하는 데 집중했는데, 당시에는 분해되거나 재조합된 기계의 부속품처럼 보이는 사람의 기괴한 형상 때문에 대중의 부정

마르셀 뒤샹, 〈계단을 내려오는 누드 2〉, 1912년

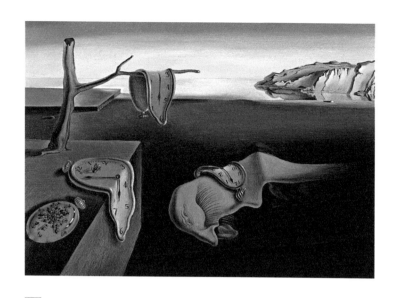

살바도르 달리, 〈기억의 지속〉, 1931년

적 평가와 외면을 받기도 했다.

피카소나 뒤샹과는 다른 방식으로 시간의 상대성을 시각화한 화가도 있었다. 스페인 출신의 초현실주의 화가 살바도르 달리 Salvador Dalí의 작품 〈기억의 지속〉은 흐물거리는 형체의 시계가 해변에 널려 있는 모습을 담고 있다. 멈춰 있는 시계의 시간은 빛과 같은 속도로 비행하는 우주선에서의 느려진 시간과 비슷하다. 일그러진 시계는 거대한 중력에 의해 휘고 구부러진 빛과 공간을 떠올리게 한다. 이른바 '편집증적 비판적 방법'으로 일컬어진 달리

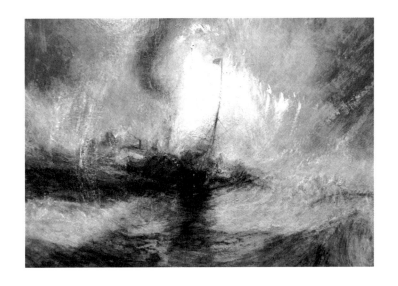

조지프 말러드 윌리엄 터너, 〈눈보라 속 증기선〉, 1842년

의 표현 기법에는 현실을 왜곡함으로써 오히려 현실을 직시하도록 만드는 힘이 있다. 〈기억의 지속〉 역시 시간의 부재를 통해 오히려 각자의 시간 속에 저장된 기억만은 영원히 지속한다는 메시지를 전해준다.

빛과 시간은 과학자들의 위대한 발견을 이끈 중요한 개념이기도 하지만 삶의 의미를 심미적으로 탐구하려는 예술가들에게도 꼭 필요한 상상력의 원천이다. 자연이 가진 본래의 에너지가 고스란히 느껴지는 강렬한 빛에 매료된 화가 윌리엄 터너는 사물의 형태가 주는 객관적 정보가 아닌 빛과 자연이 협업하여 이루어낸 찰나의 장면만을 화폭에 옮기고자 했다. 터너의 그림에는 오직 자신의 눈앞에 있었던 그 순간의 빛이 저장되어 있다. 빛이 얼마나 빠른 속도로 움직이는지 생각하면 사실 우리가 '그 순간'을 정확하게 측정하고 인지할 수 있는 확률은 제로에 가깝지만, 그렇기에 더 절박하게 붙잡아두고 싶은 것일지도 모른다. 터너가 거친 붓놀림으로 자신의 눈앞에 있는 빛과 시간을 붙잡아둔 덕분에 다른 시공간에 있는 지금 우리는 그때의 빛과 시간을 마주할 수 있다.

터너의 그림 〈비, 증기 그리고 속도〉에 담긴 영국 초기의 증기 기관차 모습은 비록 선명한 형태를 담고 있지는 않지만, 증기를 내뿜으며 달리는 기관차의 역동적인 순간을 극적으로 잘 표현한 걸작으로 꼽힌다. 그림에서 기차가 전속력으로 달려오는 것처럼 강력한 속도감이 느껴지는데, 그 이유는 굴뚝에서 나오는 증기가 주변 공기의 분자들과 상호작용하며 증폭시킨 빛의 산란을 잘 포착해 생생하게 표현해낸 덕분이다.

우리는 흔히 "지금 이 순간에도 시간은 흐르고 있다"라고 말한다. 하지만 이탈리아의 이론물리학자인 카를로 로벨리^{Carlo Rovelli}는 우주에서의 "시간은 흐르지 않는다"라고 말한다. 로벨리는 양자이론과 중력이론을 결합해 블랙홀을 새롭게 규명한 우주론의 대

조지프 말러드 윌리엄 터너, 〈비, 증기 그리고 속도〉, 1844년

가이다. 그는 시간이 과거에서 미래로 일정하게 흐른다는 것은 인간의 생각일 뿐 실제 우리가 살아가는 우주에서의 시간은 그렇지 않다며 시간에 대한 통념을 뒤집는다.

아인슈타인이 시간의 상대성을 이야기했지만, 늘 시간 속에서 시간을 의식하며 살아가는 우리에게는 언제 어디서나 시간이 똑같이 흐르지 않는다는 사실을 받아들이는 것이 어렵고 불편하다. 새로운 과학의 발견은 이렇듯 익숙함 대신 불편함을 견뎌보라고 우리 등을 떠밀곤 한다. 등 떠밀린 우리의 혼란스러움에 동참하면서 과학의 발견을 구체화하고 시각화해서 보여주는 예술가들의 상상력이 없었다면 우리는 과학과 화해하기 위해 더 많이 애쓰거나 포기해야 했을 것이다. 다행히도 과학과 예술이 영감을 주고받으며 이어온 새로운 발견과 상상력의 합주 덕분에 우리도 이 세상도 한 걸음씩 전진하고 있다.

에필로그

빛을 따라가는 긴 여정을 마치며

'빛은 얼마나 작은 틈까지 통과할 수 있을까?'

실험물리학자의 길을 걷기 시작하고 대학원 과정을 밟으면서 줄곧 던졌던 질문입니다. 굉장히 직관적이면서도 간단한 질문일 수도 있지만, 이 대명제에서 저의 모든 연구가 시작됐다고 해도 과언이 아닙니다.

실험물리학자의 일이란 어찌 보면, 그리 중요하지 않아 보이는 일련의 사건들을 신중하게 관찰하면서 데이터를 수집하여 의미를 부여하는 일들의 연속인지도 모릅니다. 대부분의 실험이 눈에 보이지 않는 현상들을 간접적인 방법을 통해 확인하고 설명하는 과정이기 때문에, 굉장한 인내심이 필요합니다. 광학 실험에서는 주로 캄캄한 암실에서 나사를 미세하게 조정하면서 컴퓨터 화면에서 신호가 조금 줄었다 늘었다 하는 과정을 살피기를 반복합니다. 이 과정은 어떤 실험 환경의 물리적인 조건을 조금씩 바꾸어가면서, 원하는 신호를 얻을 때까지 반복하는 일종의 최적화 과정인데, 연구를 처음 시작할 때는 그 지루하고 단순한 작업에서 학문적인 의미를 찾기란 좀처럼 쉽지 않았습니다. 시각적으로 그 어떤 아름다운 현상을 관찰할 기회도 좀처럼 없는 시간의 연속이었습니다.

그러던 중 미국 뉴멕시코주의 로스앨러모스연구소에서 연구를 하던 시기, 그곳의 거대하고 경이로운 자연은 제가 광학 연구자가 되면서 마음속에 품었던 질문을 다시 한 번 상기시켜주었습니다. 반복되는 실험과 연구 일정 속에서, 주말마다 가족들과 함께한 '정처 없는' 여행은 일상에 새로운 활력이 되기도 했지만, 철저하게 빛의 경로를 따라가는 여정이기도 했습니다. 동서로 연결된 66번 국도를 따라 이동해야 하는 이곳에서는, 광활한 사막 위의 도로에서 해를 따라가거나, 해를 등지고 가야 했기 때문입니다. 어디에나 강렬한 빛이 있고, 그 빛을 의식할 수밖에 없었습니다.

그곳에서 만난 리오그란데^{Rio Grande} 협곡은 놀랍게도 저에게 빛의 길을 보여주었습니다. 드넓은 대지가 깊이 찢어져 생긴 것 같은 협곡 아래로 리오그란데강이 흐르고, 그 거대한 협곡에서 맞은편을 바라보면 절대로 닿지 않을 것처럼 멀게만 보입니다. 그러나 이

곳을 항공뷰로 찍은 사진을 보면, 직접 보는 것과는 다른 느낌을 줍니다. 이 거대하고 웅장한 협곡이 좁고 기다란 틈으로만 보일 뿐입니다. 만약 긴 파장을 가진 빛이었다면, 이 틈은 도저히 뚫고 지나갈 수 없을 것처럼 좁게만 느껴지는 곳이었을 것입니다. 그러나 틈이 아무리 좁아도 조건만 갖추면 공명共鳴은 일어납니다. 빛은 하늘에서 좁고 긴 협곡을 내려다보던 우리의 시점을, 마치 다리 위에 서서 리오그란데 협곡을 보고 있는 것처럼, 광대한 미시세계로 옮겨줍니다. 이때의 경험은 저에게 새로운 자극이 되어, 연구뿐 아니라 그림 작업에도 많은 영감을 주었습니다. 이 책에는 미처 싣지 못했지만, 이곳을 배경으로 하는 빛의 여정을 담은 연작들을 그리기도 했습니다.

앞서 말씀드렸던 질문, '빛은 얼마나 작은 틈까지 통과할 수 있을까?'는 빛의 본질을 탐구하는 연구자의 질문이자 빛의 한계를 넘어서기 위한 인간의 질문이기도 합니다. 지금까지 그래왔듯 이 질문을 동력 삼아 다른 과학자들이나 화가들처럼 앞으로도 집요하고 꾸준하게 빛의 정체를 탐구하고 빛의 성질을 이해하는 일을 계속할 것입니다. '알면 보이고 보이면 사랑하게 된다'라는 말처럼 빛에 대해 우리가 알아갈수록, 지나쳤던 자연의 어떤 모습도 전혀 새로운 경이로움으로 다가올 수 있겠지요.

빛의 경로를 따라가는 이 여정을 마친 지금, 독자분들의 표정이 어떨지 자못 궁금해집니다. 이 책을 통해 과학자와 예술가의 노력과 헌신으로 다시 태어나 우리에게 말을 건네는 빛의 이야기에 잠시 귀를 기울여보는 소중한 시간을 경험했기를 간절히 바랍니다.

2022년 2월

서민아

그림 목록

- **표지그림** 클로드 모네, 〈채링크로스 다리〉, 1903년, 73×100cm, 캔버스에 유채, 개인 소장.

1장 본다는 것은 무엇인가

- **24쪽** 르네 마그리트, 〈금지된 재현〉, 1937년, 캔버스에 유채, 81×65.5cm, 네덜란드 로테르담 보이만스 반 뵈닝겐 미술관. ⓒRene Magritte/ADAGP, Paris-SACK, Seoul, 2021
- **30쪽** 산티아고 라몬 이 카할, 〈포유류 망막의 구조〉, 1900년.
- **35쪽** 마우리츠 코르넬리스 에스허르, 〈올라가기와 내려가기〉, 1960년, 석판화, 35.5×28.5cm. ⓒ2021 The M.C. Escher Company-The Netherlands. All rights reserved. www.mcescher.com
- **39쪽** 피에르 오귀스트 르누아르, 〈그네〉, 1876년, 캔버스에 유채, 92×73cm, 프랑스 파리 오르세 미술관.
- **45쪽** 얀 반 에이크, 〈수태고지〉, 1434~1436년경, 패널에 유화, 90.2×34.1cm, 미국 워싱턴 국립미술관.
- **50쪽** 카스파르 프리드리히, 〈안개 바다 위의 방랑자〉, 1817년, 캔버스에 유채, 94.8×74.8cm, 독일 함부르크 미술관.
- **55쪽** 미켈란젤로 메리시 다 카라바조, 〈나르키소스〉, 1597~1599년, 캔버스에 유채, 113.3×94cm, 이탈리아 로마 바르베리니 궁전.
- **57쪽** 조지프 말러드 윌리엄 터너, 〈빛과 색채: 노아의 대홍수 이후의 아침, 창세기를 쓰는 모세〉, 1843년, 캔버스에 유채, 78.5×78.5cm, 영국 런던 테이트

브리튼 갤러리.

- **59쪽** 장 프랑수아 밀레, 〈봄〉, 1868~1873년, 캔버스에 유채, 86×111cm, 프랑스 파리 오르세 미술관.

- **62쪽** 앙리 에드몽 크로스, 〈분홍 구름〉, 1896년, 캔버스에 유채, 54.6×61cm, 미국 클리블랜드 미술관.

- **63쪽** 조르주 피에르 쇠라, 〈에펠탑〉, 1889년, 캔버스에 유채, 24×15.2cm, 미국 샌프란시스코 미술관.

- **65쪽** 폴 시냐크, 〈다이닝룸〉, 1886~1887년, 캔버스에 유채, 89.5×116.5cm, 네덜란드 오테를로 크뢸러뮐러 미술관.

- **67쪽** 빈센트 반 고흐, 〈씨 뿌리는 사람〉, 1888년, 캔버스에 유채, 64×80.5cm, 네덜란드 오테를로 크뢸러뮐러 미술관.

2장 보이지 않는 것은 존재하지 않는가

- **74쪽** 에두아르 마네, 〈폴리 베르제르의 술집〉, 1881~1882년, 캔버스에 유채, 96×130cm, 영국 런던 코톨드 미술관.

- **83쪽** 요하네스 페르메이르, 〈음악 수업〉, 1662~1665년, 캔버스에 유채, 73.3×64.5cm, 영국 런던 로얄 아트 컬렉션.

- **85쪽** 요하네스 페르메이르, 〈버지널 앞의 숙녀〉, 1670년, 캔버스에 유채, 51.7×45.2cm, 영국 런던 내셔널 갤러리.

- **90쪽** 파블로 피카소, 〈파란 방〉, 1901년, 캔버스에 유채, 50.48×61.59cm, 미국 워싱턴 필립스 컬렉션. ⓒ2021-Succession Pablo Picasso-SACK (Korea)

- **97쪽** 조반니 바티스타 살비 다 사소페라토, 〈기도하는 성모마리아〉, 17세기 중반, 캔버스에 유채, 32×24cm, 프랑스 메스 쿠르도르 미술관.

- **101쪽** 폴 세잔, 〈사과와 오렌지〉, 1895~1900년, 캔버스에 유채, 74×93cm, 프랑스 파리 오르세 미술관.

- **104쪽** 폴 세잔, 〈카드놀이 하는 사람들〉, 1890~1895년, 캔버스에 유채, 47×

56.5cm, 프랑스 파리 오르세 미술관.

- **107쪽** 파블로 피카소, 〈게르니카〉, 1937년, 캔버스에 유채, 349×777cm, 스페인 마드리드 레이나 소피아 국립 미술관. ⓒ2021-Succession Pablo Picasso-SACK (Korea)

3장 빛은 어떻게 움직이는가

- **121쪽** 마우리츠 코르넬리스 에스허르, 〈유리구슬을 든 손〉, 1935년, 석판화, 31.8×21.3cm. ⓒ2021 The M.C. Escher Company-The Netherlands. All rights reserved. www.mcescher.com
- **134쪽** 조르조 데 키리코, 〈사랑의 노래〉, 1914년, 캔버스에 유채, 73×59.1cm, 미국 뉴욕 현대 미술관. ⓒGiorgio de Chirico/by SIAE-SACK, Seoul, 2022
- **139쪽** 이명기, 〈유언호 초상〉, 1787년, 보물 제1504호, 서울대학교 규장각 한국학연구원. ⓒ문화재청
- **141쪽** 미켈란젤로 메리시 다 카라바조, 〈바쿠스〉, 1598년경, 캔버스에 유채, 85×95cm, 이탈리아 피렌체 우피치 미술관.
- **143쪽** 피에르 올리비에 조제프 쿠먼스, 〈로마의 향연〉, 1876년, 캔버스에 유채, 55.8×83.8cm, 미국 댈러스 옥션 갤러리.
- **147쪽** 앨리스 달튼 브라운, 〈블루스 컴 스루〉, 1999년, 캔버스에 유채, 137×218cm, 개인 소장. ⓒAlice Dalton Brown

4장 세상은 무엇으로 이루어졌는가

- **178쪽** 알퐁스 아폴로도르 칼레, 〈오로라의 기상〉, 1803년, 파스텔, 45×100cm, 프랑스 앙투안 레퀴에 미술관.
- **185쪽** 존 테니얼, 《이상한 나라의 앨리스》 초판본 삽화, 1865년.

- **187쪽** 폴 세잔, 〈커다란 소나무와 생 빅투아르 산〉, 1885~1887년, 캔버스에 유채, 66.8×92.3cm, 영국 런던 코톨드 미술관.
- **187쪽** 폴 세잔, 〈생 빅투아르 산〉, 1902~1904년, 캔버스에 유채, 66.8×92.3cm, 미국 필라델피아 미술관.
- **189쪽** 조르주 브라크, 〈바이올린과 물병〉, 1910년, 캔버스에 유채, 117×73.5cm, 스위스 바젤 미술관. ©Georges Braque/ADAGP, Paris-SACK, Seoul, 2021
- **192쪽** 피트 몬드리안, 〈빨강과 파랑의 구성 Ⅱ〉, 1929년, 캔버스에 유채, 40.3×32.1cm, 미국 뉴욕 현대 미술관.
- **194쪽** 호안 미로, 〈밤 풍경의 사람과 새들〉, 1978년, 캔버스에 유채, 55×46cm, 스페인 바르셀로나 호안 미로 미술관. ©Successió Miró/ADAGP, Paris-SACK, Seoul, 2021
- **195쪽** 호안 미로, 〈블루 Ⅱ〉, 1961년, 캔버스에 유채, 프랑스 파리 국립 현대 미술관. ©Successió Miró/ADAGP, Paris-SACK, Seoul, 2021

5장 무엇이 미래를 결정하는가

- **222쪽** 마르셀 뒤샹, 〈자전거 바퀴〉(1913년 원본 소실 후 세 번째 버전), 1951년, 조형물, 126.5×31.5×63.5cm, 미국 뉴욕 현대 미술관. ©Association Marcel Duchamp/ADAGP, Paris-SACK, Seoul, 2021
- **225쪽** 앤서니 곰리, 〈양자 구름〉, 2000년, 아연도금스틸, 3,000×1,600×1,000cm, 영국 런던 그리니치반도 템스강 영구 설치. ©Antony Gormley/QUANTUM CLOUD, 2000
- **227쪽** 롭 곤살베스, 〈수평선을 향하여〉, 2012년, 캔버스에 아크릴, 작가 소장.

- **246쪽** 아니쉬 카푸어, 〈림보 속으로 하강〉, 1992년, 설치, 포루투갈 세랄베스 미술관. ⓒAnish Kapoor. All Rights Reserved, DACS 2021
- **259쪽** 파블로 피카소, 〈아비뇽의 처녀들〉, 1907년, 캔버스에 유채, 233.7×243.9cm, 미국 뉴욕 현대 미술관. ⓒ2021-Succession Pablo Picasso-SACK(Korea)
- **261쪽** 마르셀 뒤샹, 〈계단을 내려오는 누드 2〉, 1912년, 미국 필라델피아 미술관. ⓒAssociation Marcel Duchamp/ADAGP, Paris-SACK, Seoul, 2021
- **262쪽** 살바도르 달리, 〈기억의 지속〉, 1931년, 캔버스에 유채, 24×33cm, 미국 뉴욕 현대 미술관. ⓒSalvador Dalí, Fundació Gala-Salvador Dalí, SACK, 2021
- **263쪽** 조지프 말러드 윌리엄 터너, 〈눈보라 속 증기선〉, 1842년, 캔버스에 유채, 91.4×121.9cm, 영국 런던 테이트 갤러리.
- **265쪽** 조지프 말러드 윌리엄 터너, 〈비, 증기 그리고 속도〉, 1844년, 캔버스에 유채, 91×121.8cm, 영국 런던 내셔널 갤러리.

기타 도판 저작권

- **38쪽** 고양이 그림 ⓒ서민아
- **80쪽** ⓒPlantsurfer/CC BY-SA 3.0
- **174쪽** 그랜드캐니언 협곡 사진 ⓒ서민아
- **243쪽** ⓒEuropean Southern Observatory(ESO)/CC BY 4.0
- **245쪽** ⓒSurrey Nanosystems 2022
- **250쪽** 타이타늄 사파이어 레이저 실험 사진 ⓒ서민아

*이 책에 실린 그림 및 사진은 저작권자의 사전 동의를 거쳤으며, 미처 저작권자를 찾지 못한 일부의 경우 확인되는 대로 조치하겠습니다.

참고 문헌

- Adrian G. Drer, A. C. Paulk, David H. Reser, "Colour processing in complex environments: insights from the visual system of bees", *Proceedings of the royal society B*, vol. 278, Issue 1707, p.952, 2010. (https://royalsocietypublishing. org/doi/10.1098/rspb.2010.2412)
- A. P. Ginsburg, D. W. Evans, "Predicting visual illusions from filtered images based upon biological data", *Jounal of the Optical Society of America*, vol. 69, p.1443, 1979.
- B. N. Chichkov, C. Momma, S. Nolte, F. von Alvensleben, A. Tünnermann, "Femtosecond, picosecond and nanosecond laser ablation of solids", *Applied Physics A*, vol. 63, pp.109–115, 1996.
- D. G. Stork, "Proceedings of SPIE–The International Society for Optical Engineering", *SPIE*, 78690J, 2011.
- D. R. Smith, Willie Padilla, D. Vier, S. Nemat-Nasser, S. Schultz, "Composite Medium with Simultaneously Negative Permeability and Permittivity", *Physical Review Letters*, vol. 84, pp.4184–4187, 2000.
- Edward F. MacNichol Jr., "Three-Pigment Color Vision", *Scientific American* vol. 211, pp.48–59, 1964.
- Essential Vermeer 3.0. (http://www.essentialvermeer.com)
- Eugene Hecht, *Optics*(4th ed.), Addison-Wesley, 2002.
- F. David Peat, *Pathways of Chance*, Pari Publishing, p.127, 2007.
- Hector Obalk, "The Unfindable Readymade", *Tout-fait*, Issue 2, 2000. (https:// www.toutfait.com)
- "Introduction: Vermeer and technique", The National Gallery. (https://www. nationalgallery.org.uk/research/about-research/the-meaning-of-making/

vermeer-and-technique)

- James Ayscough, *A short account of the eye and nature of vision*(4th ed.), London, 1755.

- John D. Jackson, *Classical Electrodynamics*(3rd ed.), John Wiley & Sons, Inc. New York Chichester Weinheim Brisbane Singapore Toronto, 1998.

- Junliang Dong, et el, "Global mapping of stratigraphy of an old-master painting using sparsity-based terahertz reflectometry", *Scientific Reports*, vol. 7, 15098, 2017.

- Max Born, Emil Wolf, *Principles of Optics*, Cambridge University Press, 1997.

- M. G. Bloj, D. Kersten, A. C. Hurlbert, "Perception of three-dimensional shape influences colour perception through mutual illumination", *Nature*, vol. 402, pp. 877-879, 1999.

- Michel Eugène Chevreul, *The Principles of Harmony and Contrast of Colours, and Their Applications to the Arts*(2nd ed.), London, 1855.

- Pendry, J. B., "Negative Refraction Makes a Perfect Lens", *Physical Review Letters*, vol. 85, pp. 3966-3969, 2000.

- Rhonda Roland Shearer, "Marcel Duchamp: A readymade case for collecting objects of our cultural heritage along with works of art", *Tout-fait*, vol. 1, Issue 3, 2000. (https://www.toutfait.com)

- Richard P. Feynman, Robert B. Leighton, Matthew Sands, *The Feynman Lectures on Physics, Vol. Ⅲ Quantum mechanics*, Addison-Wesley, 1989.

- R. Nelson, E. V. Famiglietti, H. Kolb, "Intracellular staining reveals different levels of stratification for on-center and off-center ganglion cells in the cat retina", *Jounal of Neurophysiology,* vol. 41, pp. 472-483, 1978.

- S. R. Cajal, *The structure of the retina*, Translated by S. A. Thorpe, M. Glickstein, Springfield IL: Charles C. Thomas Publisher, 1972.

- Stephen Gasiorowicz, *Quantum Physics*(2nd ed.), John Wiley & Sons, 1995.

- The Nobel Prize in Physics 1909, Guglielmo Marconi. (https://www.nobelprize.org/prizes/physics/1909/marconi/biographical)

- 데이비드 호크니, 《명화의 비밀》, 남경태 옮김, 한길사, 2019.
- 베르너 하이젠베르크, 《부분과 전체》, 유영미 옮김, 서커스출판상회, 2016.
- 송희성, 《양자역학》, 교학연구사, 1997.
- 요한 볼프강 폰 괴테, 《색채론》, 권오상 옮김, 민음사, 2003.
- 이태호, 《사람을 사랑한 시대의 예술, 조선 후기 초상화》, 마로니에북스, 2016.
- 토마스 쿤, 《과학혁명의 구조》, 김명자, 홍성욱 옮김, 까치, 2013.
- 한정훈, 《물질의 물리학》, 김영사, 2020.

빛이 매혹이 될 때

빛의 물리학은 어떻게 예술과 우리의 세계를 확장시켰나

초판 1쇄 2022년 2월 15일
초판 2쇄 2022년 6월 15일

지은이 | 서민아

발행인 | 문태진
본부장 | 서금선
책임편집 | 허문선   편집 3팀 | 허문선 이준환   일러스트 | 무지

기획편집팀 | 한성수 임은선 이보람 송현경 정희경 백지윤
저작권팀 | 정선주   디자인팀 | 김현철
마케팅팀 | 김동준 이재성 문무현 김혜민 김은지 이선호 조용환
경영지원팀 | 노강희 윤현성 정헌준 조샘 조희연 김기현 이하늘
강연팀 | 장진항 조은빛 강유정 신유리 김수연

펴낸곳 | ㈜인플루엔셜
출판신고 | 2012년 5월 18일 제300-2012-1043호
주소 | (06619) 서울특별시 서초구 서초대로 398 BnK디지털타워 11층
전화 | 02)720-1034(기획편집) 02)720-1027(마케팅) 02)720-1042(강연섭외)
팩스 | 02)720-1043   전자우편 | books@influential.co.kr
홈페이지 | www.influential.co.kr

ISBN 979-11-6834-012-1 (03400)